国家出版基金项目
NATIONAL PUBLICATION FOUNDATION

[青少年太空探索科普丛书·第 2 辑]

SCIENCE SERIES IN SPACE EXPLORATION FOR TEENAGERS

太 空 探 索 再 出 发　　引 领 读 者 畅 游 浩 瀚 宇 宙

话说小行星

焦维新○著

辽宁人民出版社 ｜ 辽宁电子出版社

ⓒ 焦维新　2021

图书在版编目（CIP）数据

话说小行星 / 焦维新著 . —沈阳：辽宁人民出版社，
2021.6（2022.1 重印）
（青少年太空探索科普丛书 . 第 2 辑）
ISBN 978-7-205-10198-5

Ⅰ . ①话… Ⅱ . ①焦… Ⅲ . ①小行星—青少年读物
Ⅳ . ① P185.7-49

中国版本图书馆 CIP 数据核字（2021）第 093500 号

出　　版：辽宁人民出版社　辽宁电子出版社
发　　行：辽宁人民出版社
　　　　　地址：沈阳市和平区十一纬路 25 号　邮编：110003
　　　　　电话：024-23284321（邮　购）　024-23284324（发行部）
　　　　　传真：024-23284191（发行部）　024-23284304（办公室）
　　　　　http://www.lnpph.com.cn
印　　刷：北京长宁印刷有限公司天津分公司
幅面尺寸：185mm×260mm
印　　张：10.5
字　　数：161 千字
出版时间：2021 年 6 月第 1 版
印刷时间：2022 年 1 月第 2 次印刷
责任编辑：娄　瓴
装帧设计：丁末末
责任校对：耿　珺
书　　号：ISBN 978-7-205-10198-5

定　　价：59.80 元

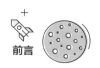

前言
PREFACE

———

　　2015 年，知识产权出版社出版了我所著的《青少年太空探索科普丛书》（第 1 辑），这套书受到了读者的好评。为满足读者的需要，出版社多次加印。其中《月球文化与月球探测》荣获科技部全国优秀科普作品奖；《揭开金星神秘的面纱》荣获第四届"中国科普作家协会优秀科普作品银奖"；《北斗卫星导航系统》入选中共中央宣传部主办、中国国家博物馆承办的"书影中的 70 年——新中国图书版本展"。从出版发行量和获奖的情况看，这套丛书是得到社会认可的，这也激励我进一步充实内容，描述更广阔的太空。因此，不久就开始酝酿写作第 2 辑。

　　在创作《青少年太空探索科普丛书》（第 2 辑）时，我遵循这三个原则：原创性、科学性与可读性。

　　当前，社会上呈现的科普书数量不断增加，作为一名学者，怎样在所著的科普书中显示出自己的特点？我觉得最重要的一条是要突出原创性，写出来的书无论是选材、形式和语言，都要有自己的风格。如在《话说小行星》中，将多种图片加工组合，使读者对小行星的类型和特点有清晰的认识；在《水星奥秘 100 问》中，对大多数图片进行了艺术加工，使乏味的陨石坑等地貌特征变得生动有趣；在关于战争题材的书中，则从大量信息中梳理出一条条线索，使读者清晰地了解太空战和信息战是由哪些方面构成的，美国在太空战和信息战方面做了哪些准备，这样就使读者对这两种形式战争的来龙去脉有了清楚的了解。

　　教书育人是教师的根本任务，科学性和严谨性是对教师的基本要求。如果拿不严谨的知识去教育学生，那是误人子弟。学校教育是这样，搞科普宣传也

是这样。因此，对于所有的知识点，我都以学术期刊和官方网站为依据。

图书的可读性涉及该书阅读和欣赏的价值以及内容吸引人的程度。可读性高的科普书，应具备内容丰富、语言生动、图文并茂、引人入胜等特点；虽没有小说动人的情节，但有使人渴望了解的知识；虽没有章回小说的悬念，但有吸引读者深入了解后续知识的感染力。要达到上述要求，就需要在选材上下功夫，在语言上下功夫，在图文匹配上下功夫。具体来说做了以下努力。

1. 书中含有大量高清晰度图片，许多图片经过自己用专业绘图软件进行处理，艺术质量高，增强了丛书的感染力和可读性。

2. 为了增加趣味性，在一些书的图片下加了作者创作的科普诗，可加深读者对图片内涵的理解。

3. 在文字方面，每册书有自己的风格，如《话说小行星》和《水星奥秘100问》的标题采用七言诗的形式，读者一看目录便有一种新鲜感。

4. 科学与艺术相结合。水星上的一些特征结构以各国的艺术家命名。在介绍这些特殊结构时也简单地介绍了该艺术家，并在相应的图片旁附上艺术家的照片或代表作。

5. 为了增加趣味性，在《冥王星的故事》一书中，设置专门章节，数字化冥王星，如十大发现、十件酷事、十佳图片、四十个趣事。

6. 人类探索太空的路从来都不是一帆风顺的，有成就，也有挫折。本丛书既谈成就，也正视失误，告诉读者成就来之不易，在看到今天的成就时，不要忘记为此付出牺牲的人们。如在《星际航行》的运载火箭部分，专门加入了"运载火箭爆炸事故"一节。

十本书的文字都是经过我的夫人刘月兰副研究馆员仔细推敲的，这个工作量相当大，夫人可以说是本书的共同作者。

在全套书内容的选择上，主要考虑的是在第1辑中没有包括的一些太阳系天体，而这些天体有些是人类的航天器刚刚探测过的，有许多新发现，如冥王星和水星。有些是我国正计划要开展探测的，如小行星和彗星。还有一些是太阳系富含水的天体，这是许多人不甚了解的。第二方面的考虑是航天技术商业化的一个重要方向——太空旅游。随着人们生活水平的提高，旅游已经成为日常生活必不可少的活动。神奇的太空能否成为旅游目的地，这是人们比较关心

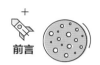

的问题。由于太空游费用昂贵，目前只有少数人能够圆梦，但通过阅读本书，人们可以学到许多太空知识，了解太空旅游的发展方向。另外，太空旅游的方式也比较多，费用相差也比较大，人们可以根据自己的经济实力，选择适合自己的方式。第三方面，在国内外科幻电影的影响下，许多人开始关注星际航行的问题。不载人的行星际航行早已实现，人类的探测器什么时候能进行超光速飞行，进入恒星际空间，这个话题也开始引起人们的关注。《星际航行》就是满足这些读者的需要而撰写的。第四方面是直接与现代战争有关的题材，如太空战、信息战、现代战争与空间天气。现代战争是人们比较关心的话题，但目前在我国的图书市场上，译著和专著较多，很少看到图文并茂的科普书。这三本书则是为了满足军迷们的需要，阅读了美国军方的大量文件后书写完成。

《青少年太空探索科普丛书》（第 2 辑）的内容广泛，涉及多个学科。限于作者的学识，书中难免出现不当之处，希望读者提出批评指正。

本套图书获得国家出版基金资助。在立项申请时，中国空间科学学会理事长吴季研究员、北京大学地球与空间科学学院空间物理与应用技术研究所所长宗秋刚教授为此书写了推荐信。再次向两位专家表示衷心的感谢。

焦维新

2020 年 10 月

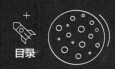

目录

2002 TX$_{300}$　　　创神星　　　亡神星

健神星　　　智神星　　　灶神星

妊神星

塞娜德
(小行星 90377)

鸟神星

第 1 章

认识**小行星**

小行星一定是圆形的吗？

小行星有多少个呢？

小行星的家在哪里呢？

我们为什么要对这么小的天体进行研究呢？

这一章，让我们一起探索丰富多彩的小行

星的世界。

伊克西翁
(小行星 28978)

伐楼拿

2002 AW$_{197}$
(小行星 55565)

 # 什么是小行星？

▶ 奇形怪状不规则

▲ 形状各异的小行星

小行星（asteroid）是指沿椭圆轨道围绕太阳公转的、自然形成的固态小天体。

一提到星星，人们一般都认为是球体，小行星自然被认作小球体了。其实这种想法是不正确的，绝大多数小行星的形状是不规则的，甚至可以说是奇形怪状，不信你看看图中列举的小行星，有的像马铃薯，有的像哑铃，有的身上还有洞。在较大一点的小行星表面，还可以看到大大小小的陨石坑。

小行星为什么形状如此不规则呢？第一个原因是自身的质量太小，因此引力很小，在长期的演化过程中，靠自身引力作用不可能使其变成球形，而是基本保持原有的形状。第二个原因是在几十亿年的演化过程中，不断受到各种大小碎片的撞击，使得表面千疮百孔，有的甚至破碎，变成更小的天体，形状更加不规则。从这个角度来看，有人干脆称小行星为太阳系碎片。

▶ 大小相差何其多

前面我们看到了小行星各式各样的形状，现在来看看它们的大小。先要弄清楚，在太阳系中，多大个头的天体可以称为小行星呢？小行星的大小与行星

和流星体的界限是什么？

可以这样说，到目前为止，国际上对小行星的大小还没有一个明确的定义，但对行星（planet）来说，定义是明确的。2006年8月，国际天文学联合会（IAU）对行星给出了明确的定义：一颗行星是一个天体，它满足以下条件：（1）围绕太阳运转；（2）有足够大的质量来克服固体应力以达到流体静力平衡的（近于圆球）形状；（3）清空了所在轨道上的其他天体。一般来说，行星的直径必须在800千米以上。

太阳是太阳系的中心，所有天体都围绕太阳运转，这是这个定义的第一层意思。第二层意思是说行星应该足够大，从质量上来说，在自身引力的作用下，经过长时期的演变，外表应当接近于球形；从尺寸方面看，直径应在800千米以上。第三层意思是清空了所在轨道的邻居，换句话说，行星是这个轨道上的"土皇帝"，是引力的主宰，不允许与其质量相近的天体在自己的轨道附近存在，除非是自己的卫星。这一条在天文界是有争论的，因为这一条很明显就是要把冥王星挤出行星的行列。

现在我们回到小行星，从尺寸上来看，除谷神星外，其他小行星的直径都小于800千米，但下限目前还不统一。本书将下限确定为10米，因为直径在10米以上的小天体撞击地球时，会产生明显的效应。

国际天文学联合会对流星体（meteoroid）的定义是：运行在行星际空间的固体颗粒，体积比小行星小但比原子或分子大。英国的皇家天文学会则对其大小给出较明确的定义：流星体是直径介于100微米至10米之间的固态天体。

比100微米小的流星体称为微流星体（micrometeoroid），每年大约有15 000吨的流星体、微流星体和不同形式的太空尘埃进入地球的大气层。

流星体进入地球大气层后，与大气摩擦，受到巨大压力，并与大气中的气体发生化学作用，使流星体被加热并放出能量，因

▲ 流星

此在大气层中出现光束甚至火球，这就是我们平时所说的流星（meteor）。

如果流星体在穿越大气层过程中没有燃尽，而有石块或铁块落到地球表面，就称为陨石（meteorite）。

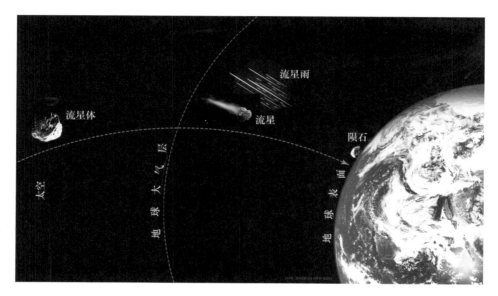

▲ 流星体、流星和陨石

▲ 陨石

▶ 五种类型不寻常

① 有卫星的小行星

在太阳系的 8 颗大行星中，并不是每颗都有卫星，如水星和金星就没有卫星，我们的地球只有 1 颗卫星；4 颗巨行星都拥有众多卫星，木星的卫星多达 69 颗。于是人们猜想，是不是行星越大，卫星越多呢？如果是这样，小行星就不可能有卫星了。但出乎人们的意料，有些小行星确实有卫星，而且有的还不止一颗。第一颗确认有卫星的小行星是艾达星（243 Ida），围绕它运行的卫星命名为艾卫（Dactyl），是在 1993 年由伽利略号探测器发现的。

艾达星是一颗位于主带的小行星，于 1884 年 9 月 29 日被发现，其名称来源于希腊神话中的一位女神宁芙。艾达星的公转周期为 4.84 年，自转周期为 4.63 小时，平均直径为 31.4 千米。它的形状很不规则，像是由两个大物体连接而成，形如牛角面包。艾达星是太阳系中表面陨石坑最多的小天体之一，而且拥有不同大小及年龄的陨石坑。艾卫的直径只有 1.4 千米，是艾达星的 1/20。

到目前为止，已经发现超过 225 颗小行星拥有卫星。

▲ 小行星艾达星和它的卫星

★ 想一想

小行星是不是一定比它的卫星大很多呢?

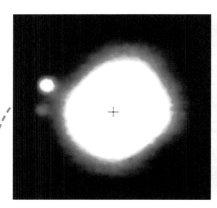 

▲ 三小行星系统

　　不是的,存在卫星的大小与小行星接近的情况,这时则用另一个术语来称呼它们——双小行星(double asteroid)。此外,在太阳系中还发现了一些三小行星系统(triple asteroid),即小行星拥有2颗卫星。第一个三小行星系统是在2005年发现的,其中较大的小行星称为林神星(87 Sylvia),直径280千米,是在1866年5月16日发现的。它拥有的第一颗卫星林卫一(87 Sylvia I Romulus)于2001年被发现,直径约18千米,以87.6小时为周期绕林神星公转。第二颗卫星林卫二(87 Sylvia II Remus)于2005年3月由美国加州大学伯克利分校发现,它的直径只有7千米,公转周期只有33小时。巧合的是,由于传说中西尔维娅(Sylvia)有两个儿子,因此这两颗卫星便被命名为雷姆斯(Remus)及罗慕路斯(Romulus)。

2

表面含水的小行星

　　司理星（24 Themis）是被发现的第 24 颗小行星，在主带小行星中是较大的一颗，它于 1853 年 4 月 5 日被发现。司理星的直径为 198 千米，公转周期为 2022.524 天。司理星之后被命名为特弥斯，这是希腊神话自然法则中拟人化的神，任务是维持神间的秩序。

　　小行星的轨道一般距离太阳比较近，因此，人们一直认为小行星表面不大可能有水。但是，在 2008 年 1 月，一些学者通过美国国家航空航天局（NASA）的红外线望远镜观测证实，这颗名为司理星的小行星表面完全被冰覆盖着。当这些冰升华之后，表面下的冰可能就会补充上来。在表面上还检测到有机化合物，包括多环芳香烃。

　　下图中是带有两个碎片的司理星，其中一个碎片有彗星状的尾，一般认为是冰升华时产生的。

▲ 带有两个碎片的司理星

3

有尾巴的小行星

　　正常情况下观测小行星时会看到一个亮点，但哈勃空间望远镜观测到的小行星 P/2013 P5 却有 6 个彗星状的尾巴。而且这种结构在 13 天的时间内发生了很大的变化，使人难以相信这是一颗小行星。这种小行星的状态可能是由于一系列脉动尘埃释放事件造成的。

▼ 有环的小行星女凯龙星

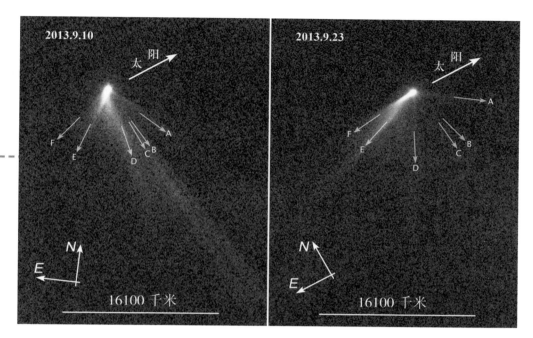

▲ 带有 6 个彗星状尾的小行星 P/2013 P5

4

有环的小行星

在太阳系的八大行星中，只有 4 颗类木行星有环，包括地球在内的 4 颗类地行星都没有环。于是人们得出结论，只有巨行星才有环，因为它们的引力大，能将一些碎片吸引在自己的周围。

英国《自然》杂志于 2014 年 3 月 26 日报道，天文学家们在一个小行星的周围发现了光环结构，该小天体位于土星和天王星之间，直径约 250 千米。这颗小天体名为女凯龙星（Chariklo），是迄今为止被发现拥有光环的最小天体。

仔细分析发现，这颗小行星有两个光环，厚的内环大约 6.4 千米宽，薄的外环大约 3.2 千米宽。光谱分析表明，环部分由水冰构成。

5

有喷泉的小行星

　　利用欧洲空间局（ESA）发射的赫歇尔空间红外望远镜，科学家发现太阳系最大的小行星——谷神星有水蒸气喷泉。出现喷泉的原因是谷神星内部含有水冰，当它靠近太阳时，冰融化，以水蒸气的形式喷出，喷发量大约为 6 千克 / 秒；而当它远离太阳时，没有水蒸气逃逸。

▲ 谷神星表面的水蒸气喷泉

▶ 三个区域把身藏

小行星与大行星一样，都是围绕太阳公转，只是到太阳的距离不同。地球到太阳的平均距离称为一个天文单位，用符号 AU 表示；火星和木星到太阳的平均距离分别为 1.5AU 和 5.2AU。太阳系绝大多数小行星位于火星和木星的轨道之间，这些小行星称为主带小行星。一些小行星的轨道接近地球的轨道，更确切地说，它们到太阳的近日距小于 1.3AU，这些小行星称为近地小行星（Near-Earth Asteroids，NEAs）。还有一些小行星位于木星轨道上，在轨道上的位置与木星位置保持一个特殊的关系，这些小行星称为脱罗央（Trojans）小行星，位于左图中的 L4 和 L5 点。

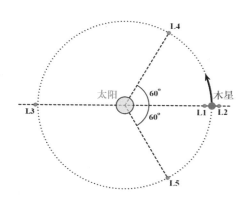

▲ 脱罗央小行星的位置

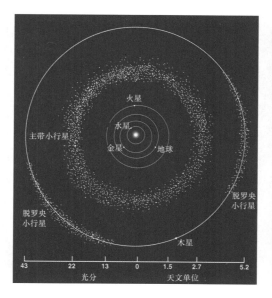

▲ 主带小行星与脱罗央小行星

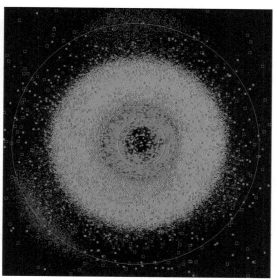

▲ 近地小行星与主带小行星

图中间的大圆圈表示水星、金星和地球的轨道；绿点代表主带小行星，红点表示近地小行星。

▲　斯蒂芬五重奏（位于天马座范围内）

上述三个区域的小行星是目前人类比较关注的小行星，除此之外还有天马座天体，其轨道半主轴（a）位于木星（a=5AU）和海王星（a=30AU）之间。目前，已经发现几十颗天马座天体，估计直径为 1~20 千米的天马座天体将超过 2000 颗。由于这类小行星距离地球遥远，所以人们对其了解还比较少。

主带小行星

说起主带小行星，许多人可能还记得"提丢斯 – 波得定则"（Titius-Bode Law）。时间要追溯到 18 世纪，德国天文学家提丢斯和波得以及后来的沃尔夫（Wolf）指出，6 个行星的平均日心距离 a 可近似用一个方程表示：

▲ 戴维·提丢斯（左）和约翰·波得（右）

$a=0.4+0.3\times 2^n$

对于水星，n 取 $-\infty$，金星、地球、火星、木星和土星 n 分别取 0、1、2、4 和 5。天王星在 19.18AU 处被发现（预报值是 19.6AU，对应于 $n=6$），第一个小行星谷神星（Ceres）（现在定义为矮行星）在 2.77AU 被发现，可是根据预报，在 2.8AU 处应有一颗行星，对应于 $n=3$。这个结果表明，提丢斯 – 波得定则给出的方程很可能存在问题。

据估计，主带小行星总数大约是几千万颗，而该带的中心位置正好符合提丢斯 – 波得定则给出的数据。为什么原本是大行星的位置变成了几千万颗小行星？当时便有人猜测：是不是由于某种人们暂时无法知晓的原因，存在的大行星爆炸了？

对于行星大爆炸的机制是什么，究竟是一种什么能量使一颗大行星产生四分五裂的大爆炸，定则也完全无

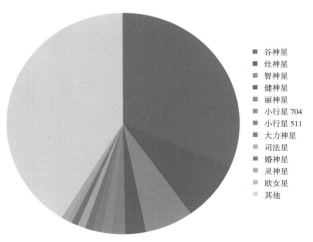

- ■ 谷神星
- ■ 灶神星
- ■ 智神星
- ■ 健神星
- ■ 丽神星
- ■ 小行星 704
- ■ 小行星 511
- ■ 大力神星
- ■ 司法星
- ■ 婚神星
- ■ 灵神星
- ■ 欧女星
- ■ 其他

▲ 太阳系最大的 12 颗小行星大小比较

法说清。提丢斯－波得定则连同 2.8AU 处行星大爆炸之谜，成为 200 多年来人们孜孜以求的谜题。

尽管主带小行星数量大得惊人，但由于所在的空间是巨大的，因此单位体积的数量还是很少的。以为主带小行星拥挤不堪，导致探索外太阳系的探测器都难以穿过这个区，是人们的误解。

在如此众多的小行星当中，大的小行星却寥寥无几。其中 4 个最大小行星的质量，就占总质量将近一半。这 4 颗小行星分别是谷神星（Ceres）、灶神星（Vesta）、智神星（Pallas）和健神星（Hygiea）。

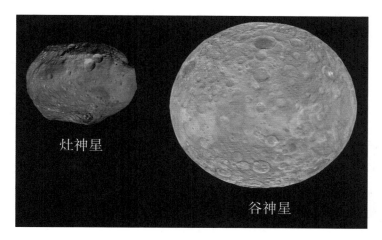

▲ 灶神星与谷神星大小比较

▲ 已经准确成像的一些小行星相对大小

▶ 数量巨大分布稀

在小行星主带内，小行星的数量惊人。如果将小行星直径的下限确定在 10
米，那么，主带小行星的数量将以亿计。

直径（千米）	900	500	300	200	100	50	30
数量（颗）	1	3	5	30	200	600	1100
直径（米）	10000	5000	3000	1000	500	300	100
数量（万颗）	1	9	20	75	200	400	2500

▲ 主带小行星分布模拟图

▶ 轨道分布有缝隙

主带小行星位于火星和木星轨道之间，都围绕太阳公转。离太阳越近，小行星跑得越快，环绕太阳转动一圈所用的时间（轨道周期）就越短。如靠近火星的小行星，其轨道周期接近 2 年，而接近木星轨道的小行星，其轨道周期则长达 11 年多，木星的轨道周期是 11.86 年。大家知道，木星是太阳系行星中的巨无霸，它的质量是太阳系所有其他行星总和的 2.5 倍。其引力强大，对主带内的一些小行星的轨道有明显的影响。

▲ 木星

哪类小行星的轨道会受木星影响呢？

如果一颗小行星的轨道周期是木星轨道周期的简单分数，将产生所谓"轨道共振"现象。举一个例子，一颗小行星离太阳的平均距离（轨道半长轴）为 2.5AU，它的轨道周期是 3.95 年，是木星轨道周期的 1/3，换句话说，小行星环绕太阳运行 3 圈，木星只运行 1 圈，这种情况称为 3∶1 轨道共振。

科克武德缝隙

轨道共振的原理在概念上类似于推动儿童荡秋千，秋千有一个自然频率，周而复始地推动秋千将对其运动有一个累积效应，使秋千摆动的幅度不断变大。轨道共振的原理与其类似，木星巨大的引力周期地对小行星施加影响，经过长期的作用（大约千万年），将使小行星的半长轴变短或变长，也就是从原来的位置清空了。这样，当我们画出小行星数量随半主轴的分布时，在一些位置就会出现缝隙，称为科克武德缝隙，是美国天文学家科克武德最早发现的。

主要的缝隙出现在 3∶1、5∶2、7∶3 和 2∶1 共振处，相对半长轴是 2.5AU、2.82AU、2.95AU 和 3.27AU。

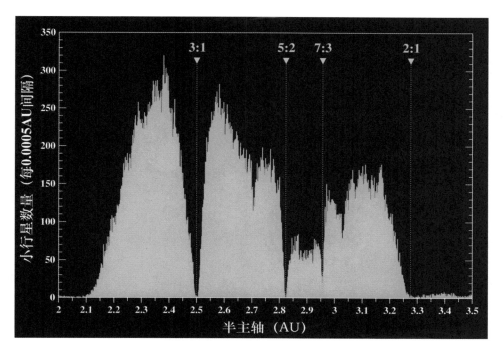

▲ 科克武德缝隙

除了上述主要缝隙外，还发现了一些弱的或窄的缝隙。

▶ 碰撞频繁增碎片

由于主带小行星数量巨大，因此小行星之间的碰撞频繁。这里所说的"频繁"是指在天文学时间尺度上，太阳系的历史已经有 45 亿年以上，与这个时间相比，几万年只是一瞬间。但是从人类社会生活的时间尺度来看，碰撞是非常罕见的。根据一些科学家的计算模拟，平均半径为 10 千米的小行星之间的碰撞大约每 1000 万年发生一次。

与破碎过程相反，相对速度很低的碰撞也可能使两颗小行星合并成一体。经过长达 40 多亿年的演化，主带小行星的数量与原始情况已不太相同。碰撞可使小行星破裂成许多小块，从而产生新的小行星家族；一些碰撞的残骸可能会演变成近地小行星，给地球带来潜在的危害；还有的撞击碎片进入地球的大气层后成为陨石。

除了小行星的主体之外，主带中也包含了半径只有数百微米的粉尘。这

▲ 主带小行星相互碰撞模拟图

些细微的颗粒，至少有一部分是来自小行星之间的碰撞，或是微小的陨石体对小行星的撞击。来自太阳辐射的压力会使这些粒子以螺旋的路径缓慢地朝向太阳移动。这些细小的小行星微粒和彗星抛出的物质，产生了黄道光（zodiacal light）。这种微弱的辉光可以在太阳西沉后的暮光中，沿着黄道面的平面上观察到。产生黄道光的颗粒半径大约是 40 微米，而这种大小的颗粒可以维持的生命期通常是 700 000 年。

▶ 拉帮结成族和群

小行星族是由一些有相似轨道参数（如半长轴、偏心率和轨道倾角）的小行星组成的，族内的成员被认为是过去小行星碰撞所产生的碎片。大的、著名

的小行星族包含数百颗被确认的小行星；小的、紧密的家族可能只有 10 个成员。小行星带中 33%~35% 的小行星分属于不同的家族。

　　小行星家族的形成被认为是源自小行星之间的互撞。有多数小行星家族的母体已经被撞碎，但也有几个家族的母体历经撞击之后未遭毁坏。像这类持续撞击的家族，都会典型地有一颗独大的母体和为数众多的小行星。有些家族在同一个区域内有着目前还无法解释的复杂内部结构，也许可以归因于在不同时间发生的几次撞击。

　　小行星家族的生命期被认为在 10 亿年左右的等级上，但还会依据各种各样的因素改变。这与太阳系的年龄相比明显短了许多，只有少数可能是太阳系早期的遗物。家族崩溃的两个主要原因，一是木星或其他较大天体的扰动造成轨道缓慢的散逸，二是小行星之间的互撞，磨碎成更小的个体。这些微小的个体则会受到"亚尔科夫斯基"效应的扰动，随着时间推移不断地被推挤向木星的共振轨道。一旦进入，它们便会很快地从小行星的主带中被抛射出去。

　　根据美国"宽场红外观察者"望远镜于 2013 年公布的结果，主带内有 76 个小行星家族。

家族名称	半长轴（AU）	偏心率	倾角（°）	成员数量
曙神星族（Eos）	2.99~3.03	0.01~0.13	8~12	480
司法星族（Eunomia）	2.53~2.72	0.08~0.22	11.1~15.8	370
花神星族（Flora）	2.15~2.35	0.03~0.23	1.5~8.0	590
健神星族（Hygiea）	3.06~3.24	0.09~0.19	3.5~6.8	105
鸦女星族（Koronis）	2.83~2.91	0~0.11	0~3.5	310
玛丽亚族（Maria）	2.5~2.706		12~17	80
侍神星族（Nysa）	2.41~2.50	0.12~0.21	1.5~4.3	380
司理星族（Themis）	3.08~3.24	0.09~0.22	0~3	530
灶神星族（Vesta）	2.26~2.48	0.03~0.16	5.0~8.3	240

注：玛丽亚族偏心率数据不可得。

▲ 主带中突出的小行星家族

▲ 黄道光

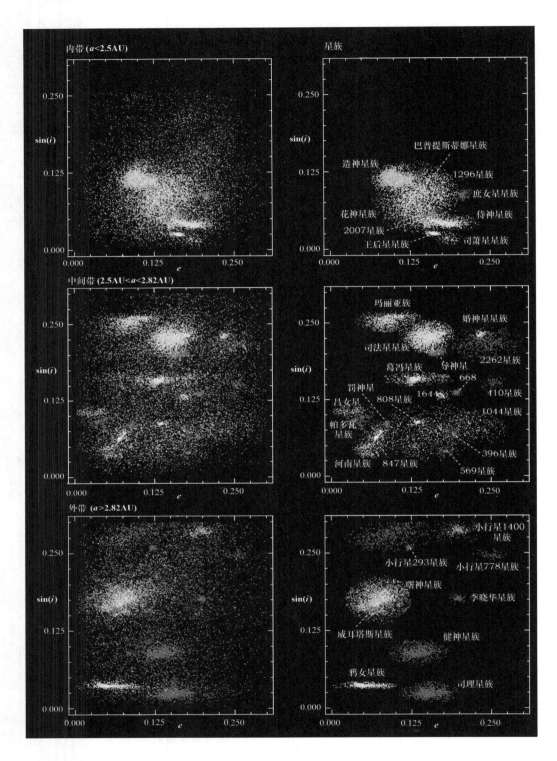

▲ 几个典型小行星族的分布

横坐标表示偏心率，纵坐标表示轨道倾角的正弦值

 # 近地小行星

按照通常的理解，近地小行星（NEAs）应该是距离地球比较近的。但这样说不够确切，因为地球和小行星都围绕太阳公转，它们的相对位置是不断变化的，有时近些，有时远些。那到底以哪个位置为参考点呢？考虑到这个因素，在给近地小行星下定义时，是从地球与小行星轨道间的关系考虑的。

地球与小行星围绕太阳运动的轨道是椭圆，描述椭圆的主要参数有半长轴（a）、近日距（p）和远日距（Q）等。满足近日距 p 小于 1.3AU 条件的小行星为近地小行星。

▶ 四种类型最常见

按照轨道特征划分，近地小行星可分为四类：阿莫尔型（Amor）、阿波罗型（Apollo）、阿坦型（Aten）和阿提拉型（Atira）。

阿莫尔型：公转轨道在地球轨道之外，即 1.0167AU < Q ≤ 1.3AU。它们从外面接近地球的轨道，经常穿越火星轨道但不会穿越地球轨道。估计阿莫尔型小行星的数量占近地小行星总量的 30% 多，到 2018 年 11 月，已知有 8120 颗阿莫尔小行星。

阿波罗型：这一类小行星的平均轨道半径位于地球轨道外，近日点位于地球轨道内。轨道穿过地球轨道，轨道的偏心率较大，a ≥ 1.0AU，Q ≤ 1.0167AU（1.0167AU 是地球的远日距），公转周期大于 1 年。目前已知最大的阿波罗型小行星是小行星 1866，其直径大约 8.5 千米。估计这类小行星占近地小行星总量的 60% 多，到 2018 年 11 月，已知有 9559 颗阿波罗小行星。

阿坦型：轨道穿过地球轨道，a < 1.0AU，Q > 0.983AU（0.983AU 是地球的近日距），周期小于 1 年。估计这类小行星占近地小行星总量的 6%，到 2018 年 11 月，已知有 1411 颗阿坦型小行星。

阿提拉型：$Q < 0.983AU$，轨道总在地球轨道的里面，不穿越地球轨道。到 2018 年 11 月，发现了 31 颗这类小行星。

前三类小行星的数量占绝大多数。

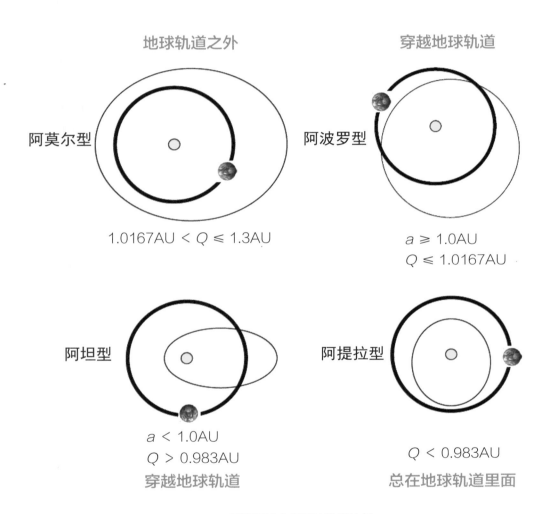

地球轨道之外

阿莫尔型

$1.0167AU < Q \leq 1.3AU$

穿越地球轨道

阿波罗型

$a \geq 1.0AU$

$Q \leq 1.0167AU$

阿坦型

$a < 1.0AU$

$Q > 0.983AU$

穿越地球轨道

阿提拉型

$Q < 0.983AU$

总在地球轨道里面

▲ 四类近地小行星的轨道特征

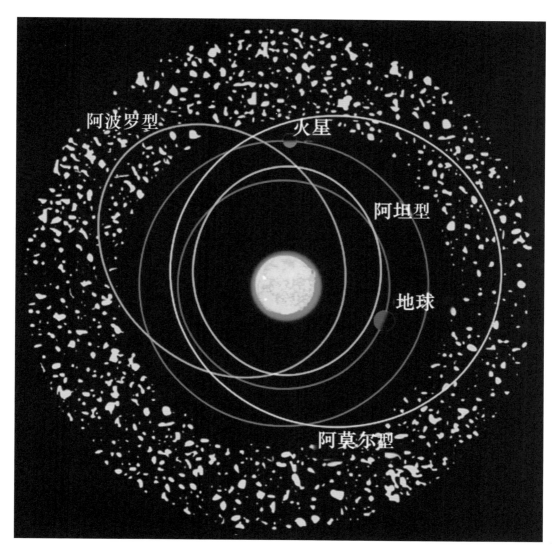

▲ 三类近地小行星的轨道特征

▶ 发现数量急剧增

从 20 世纪 80 年代起，近地小行星已经成为大众感兴趣的天体，由于认识到对地球有潜在威胁的小行星数量不断增加，世界许多国家和地区开展了对近地小行星的观测，包括地面观测和空间天文观测。

在 1981 年 7 月 13 日至 16 日，NASA 组织了一个题为"小行星和彗星对地球的撞击，以及其对自然和人类所产生的影响"的研讨会。在小行星

1989FC 近距离经过地球轨道之后，美国航空航天学会（AIAA）建议增加对近地小行星的观测和对撞击事件的预防研究，该建议引起了国会空间科学技术小组的注意。与此同时，一些热心的观测者发现了许多近地小行星和彗星，其中一些发现引起了国际媒体的广泛注意。

在第一次关于大相撞的学术研讨会之后，此类话题进一步引起世界各国学术界的广泛关注。1983 年 6 月 20 日至 22 日，在瑞典召开了关于小行星、彗星和流星体的第一次国际会议（在 1985 年和 1989 年分别召开了第二和第三次会议）；1984 年，第一架带有 CCD 电子探测器的望远镜开始用于观测小行星和彗星；1988 年 3 月，在美国召开了第二次关于小行星的国际会议。此外，关于地外天体撞击地球的学术论文不断增多，人们对近地天体的观测加大了力度，不断获得新的发现。在 1980 年 1 月，人们只观测到 53 颗近地小行星，而到 2020 年 10 月 18 日，已知近地小行星总数为 24035 颗。

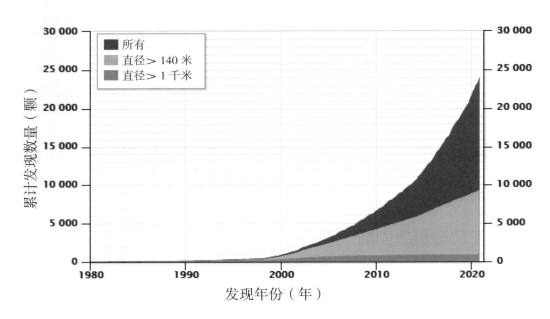

▲ 从 1980 年 1 月到 2020 年 10 月 18 日累计观测到的近地小行星数量

▶ 每种尺寸知多少

到 2020 年 10 月 18 日，已发现的近地小行星的尺寸、数量分布如下图所示。

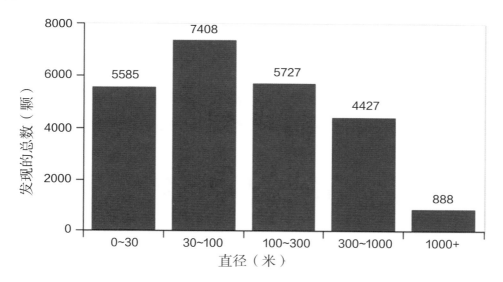

▲ 截至 2020 年 10 月 18 日发现的不同大小的近地小行星数量和尺寸

▶ 关注危险小行星

综合轨道特征和大小，有一类小行星撞击地球的危害性较大，将它们称为对地球有潜在危险的小行星（Potentially Hazardous Asteroids，PHAs）。为了给出 PHAs 的确切定义，先引入两个概念：最小轨道交会距离（MOID）和绝对星等（H）。

最小轨道交会距离（MOID）定义为两个天体轨道间的最小距离。MOID可以作为小行星与行星之间碰撞的早期指示。如果地球与小行星之间的 MOID比较大，则在近期不会发生碰撞；如果 MOID 比较小，则应密切关注小行星轨道的变化，因为它可能成为撞击者。

星等（magnitude）是衡量天体光度的量，星等值越小，星星就越亮；星等的数值越大，它的光就越暗。在不明确说明的情况下，星等一般指目视星等。但我们实际观测到的天体的亮度，除了跟天体本身发光特性有关外，还与观测

距离有关。所以目视星等并没有实际的物理学意义，于是天文学家制定了绝对星等来描述星体的实际发光本领。假想把星体放在距离 10 秒差距（即 32.6 光年，秒差距亦是天文学上常用的距离单位，1 秒差距 =3.26 光年）远的地方，所观测到的视星等，就是绝对星等了。由于行星与小行星等天体本身不发光，所以小行星的绝对星等与恒星的定义不同，此时，绝对星等被定义成天体在距离太阳和地球的距离都为一个天文单位（1AU），且相位角为 0° 时，呈现的视星等。这实际上是不可能的，只是为了计算方便。一个小行星的直径可以根据其绝对星等（H）进行估算。H 越低，小行星的直径越大。但这通常要求知道小行星的反照率。大多数小行星的反照率是不被知道的，其范围一般在 0.25 到 0.05 之间。因此，估算的小行星的直径也只能在一个范围。

H	D（千米）	H	D（千米）	H	D（米）	H	D（米）
3.0	670~1490	10.5	20~50	18.0	670~1500	25.5	20~50
3.5	530~1190	11.0	15~40	18.5	530~1200	26.0	17~37
4.0	420~940	11.5	13~30	19.0	420~940	26.5	13~30
4.5	330~750	12.0	11~24	19.5	330~750	27.0	11~24
5.0	270~590	12.5	8~19	20.0	270~590	27.5	8~19
5.5	210~470	13.0	7~15	20.5	210~470	28.0	7~15
6.0	170~380	13.5	5~12	21.0	170~380	28.5	5~12
6.5	130~300	14.0	4~9	21.5	130~300	29.0	4~9
7.0	110~240	14.5	3~7	22.0	110~240	29.5	3~7
7.5	85~190	15.0	3~6	22.5	85~190	30.0	3~6
8.0	65~150	15.5	2~5	23.0	65~150		
8.5	50~120	16.0	2~4	23.5	50~120		
9.0	40~90	16.5	1~3	24.0	40~95		
9.5	35~75	17.0	1~2	24.5	35~75		
10.0	25~60	17.5	1~2	25.0	25~60		

▲ 绝对星等（H）与直径（D）之间的转换

如果小行星与地球的最小轨道交会距离小于或等于 0.05AU，H 小于等于 22，则定义为对地球有潜在危险的小行星（PHAs）。到 2020 年 8 月 3 日，已经发现有 2037 颗 PHAs。下图给出典型的 PHAs 轨道。

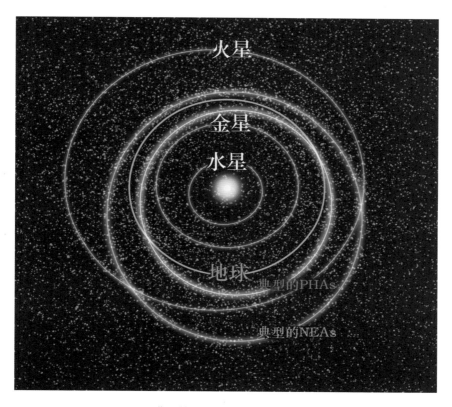

▲ 典型的 NEAs 和 PHAs 的轨道

为何关注小行星？

科学家对小行星感兴趣，很大程度上是因为它们是内太阳系形成过程的碎片。由于某些天体可与地球发生碰撞，小行星对过去地球生物层的变化也有重要的影响。这些过程在未来仍将继续发生。另外，小行星提供了挥发物的资源和丰富的矿物资源，这将是未来太阳系探索的一个重点。

小行星代表了内太阳系形成过程中留下的一点儿或一片，小行星也是撞击地球表面的大多数陨石的源。在早期的太阳系，作为生命基本单元的碳基分子和挥发性物质可能通过小行星和彗星的撞击被带到地球。于是，研究小行星不仅对于研究地球形成时的原始化学混合是重要的，同时这些小天体还可能保留了生命的基本单元是怎样被带到地球的关键信息。

每天都有大量的尘埃和

▲ 形态各异的彗星

▲ 恐龙灭绝

颗粒撞击地球，许多入射颗粒太小，在大气层中就燃尽了，不能到达地球表面。这些粒子通常被称作流星。到达地球表面的所有行星际物质的主体源于小行星早期的碰撞碎片。平均来说，大约每10000年，直径大于100米的岩石或铁质小行星撞击地球表面一次，引起局地灾难或产生淹没低海岸区的潮汐波。平均每几十万年，大于5千米的小行星可能撞击地球引起全球性灾难。在这种情况下，撞击碎片可能扩散到地球大气层，植物将遭受酸雨，部分阳光被阻挡，由撞击加热碎片产生的大火将烧到地球表面。虽然这类撞击概率很低，但我们必须研究不同类型的小行星，了解其成分、结构、大小和未来的轨道，以准确预测对地球的潜在危险。

▶ 太阳系的老寿星

太阳系的形成始于46亿年前巨大分子云中的引力坍缩。大部分坍缩的质量集中在中心，形成了太阳，其余部分变平并形成了一个原行星盘，继而形成了行星、卫星、小行星和其他小型的太阳系天体系统。

典型的原行星盘是主要成分为氢分子的分子云。当分子云的大小达临界质量或临界密度时，将会因自身重力而坍缩。当云气开始坍缩，这时可称之为太阳星云，密度将变得更高，自转速度亦增加。这种自转也导致星云逐渐扁平，就像制作意大利薄饼一样，形成盘状。在我们的银河系内，已经观测到一些年轻恒星周围的原行星盘，目前发现的最老的原行星盘已经存在了2500万年之久。

太阳系形成的星云假说描述了原行星盘如何发展成行星系统。静电和引力互相作用于盘面上的尘埃粒子和颗粒，使它们生长成为星子。

行星形成时代结束后，内太阳系有 50~100 个月球大小到火星大小的行星胚胎。进一步的生长可能只是由于这些天体的相互碰撞与合并，这一过程持续了大约 1 亿年。这些天体互相产生引力作用，互相拖动对方的轨道，直到它们相撞，长得更大，直到我们今天所知的 4 个类地行星粗具雏形。

小行星带位于类地行星区外围边缘，离太阳 2 到 4 个 AU。小行星带开始有多于足以形成超过 2 到 3 个地球一样的行星的物质，并且实际上，有很多微行星在那里形成。如同类地行星，这一区域的微行星后来合并形成 20 到 30 个月球大小到火星大小的行星胚胎，但是因为在木星附近，木星和土星的轨道共

▲ 原行星盘

振对小行星带的影响特别强烈，并且与更多的大质量的行星胚胎的引力交互作用使更多的微行星散布到这些共振中，造成它们与其他天体碰撞后被撕碎，而不是凝结聚合下去。随着木星形成后向内迁移，共振将横扫整个小行星带，动态地激发这一区域的天体数量，并加大它们之间的相对速度。共振和行星胚胎的累加作用要么使微行星脱离小行星带，要么激发它们的轨道倾角和偏心率变化。某些大质量的行星胚胎也被木星抛出，而其他的可能迁移到了内太阳系里，并在类地行星的最终聚集中发挥了作用。在这个初始消耗时期，大行星和行星胚胎的作用使小行星带剩下的主要由微行星组成的总质量不到地球的 1%。这仍是目前在主带的质量的 10 到 20 倍。第二消耗阶段是当木星和土星进入临时 2∶1 轨道共振时发生，使小行星带的质量下降接近至目前规模。

现在我们知道，小行星虽然个头小，但年龄不小，所以我们不能称其为"小朋友"。实际上，大多数小行星是太阳系的"老寿星"，甚至可以说小行星是早期太阳系的化石。它们都有独特的来历，对于理解太阳系的构成非常重要。

现在，地球上的物质都有了一定的改变，或者被吸进地幔里，或者从火山口喷出来，已经不存在地球形成前的原始物质了。小行星就像时间胶囊一样，封存了太阳系最早期的历史信息，这是在其他星球，比如地球和月球上都找不到的。小行星蕴含着太阳系早期的线索，但科学家的难题是怎样得到它们。我们对绝大多数小行星一无所知，只知道它们存在，能推测出它们的体积。

▶ 富含水和有机物

一些小行星含有丰富的水和有机物，对于研究生命的起源与演化有重要意义。

我们美丽的蓝色星球拥有大量液体水，71% 的地表被海洋覆盖。水从哪里来？这是一个永恒的谜。目前科学界已经确定，45 亿年前地球刚形成时的状态与现在完全不同。早期地球温度很高，由环绕太阳运行的高温物质形成。在头 1 亿年，整个地表应该覆盖着岩浆。熔岩的高温对地球早期气候有着深远的影响。早期地球温度太高，气候非常干燥，就像在烤箱里烤得时间太长，结果干透了。地球形成并冷却之后很长时间，才得到了现在这样充足的水资

源，这是否是来自太阳系携水的小行星碰撞地球的结果？目前已经有学者提出这样的证据，认为曾经有一系列冰质小行星碰撞早期的地球，为地球提供了大量水资源。

200年来，人们一直认为小行星都是石块或铁块，其轨道离太阳很近，不可能含有冰冻物质。但司理星（24 Themis）的最新观测结果，证明了冰质小行星的存在。这意味着，地球之所以是今天的模样，与小行星密不可分。我们知道，这几十亿年来，有不少小行星撞击过地球，以前我们认为，小行星大部分是岩石和金属，现在才发现，小行星带来的水和冰远比我们想象的要多。这些发现正逐渐改变我们对太阳系的认识。

在地球之外是否存在可能形成生命的基本化学成分，甚至在小行星上是否有这个可能？美国一名叫斯科特的学者用一台仪器模拟了太空的环境，这台仪器可以模拟内太阳系，也就是星球产生的密度较大的部分，以及外太阳系，比如冰冷的卫星，所有低温真空以及高温环境。复杂的碳分子是生命的要素，他希望弄清太空中简单的化学物质是否能形成它。斯科特在实验中发现了多种有机化合物，包括不少人们熟悉的氨基酸，这是人体蛋白质的组成部分。还包括

▼ 地球

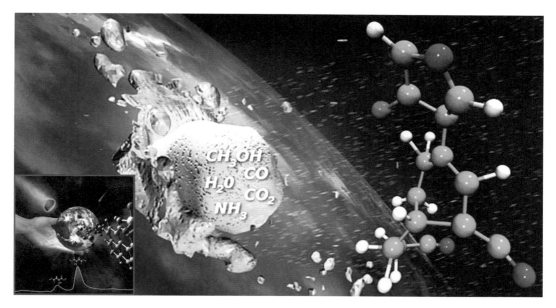

▲ 小行星撞击给地球带来水和有机物

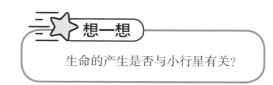

生命的产生是否与小行星有关？

几种核苷酸，这是 DNA 的组成成分。因此，小行星中可能隐藏着让地球产生生命的物质。这意味着，几十亿年前，当小行星撞击地球时，很可能让地球有了翻天覆地的变化，小行星可能发挥了极其重要的作用，它们带来了生命所必需的基本物质，地球从此才有了生命。

▶ 撞击地球风险大

一些小行星的轨道与地球的轨道接近，当小行星的轨道受到各种外力扰动时，有可能与地球发生碰撞。小行星撞击地球的事件已经被地球表面存在的陨石坑所证实，2013 年发生在俄罗斯的撞击事件，使这一幕重演。现在科学家关注的问题是，未来较大天体撞击地球的可能性究竟有多大？人类如何预防小行星撞击地球？这些都是小行星研究中特别重要的内容。

▶ 各类资源极丰富

根据小行星成分的特征，可以将小行星划分成三个主要类型：C 型、S 型和 M 型。

C 是英文 carbonaceous 的缩写，意思是含碳的。这类小行星含有碳、水和其他挥发性物质。

S 是英文 stone 的缩写，意思是含有岩石。这类小行星的主要成分包括硅、铁、锰和其他物质。

M 是英文 metallic 的缩写，意为金属。这类小行星主要含有铁、镍和其他金属。

由此可以看出，不管哪类小行星，都含有对人类有用的资源。至于哪些小行星具有开采价值，则需要进行详细探测才能确定。

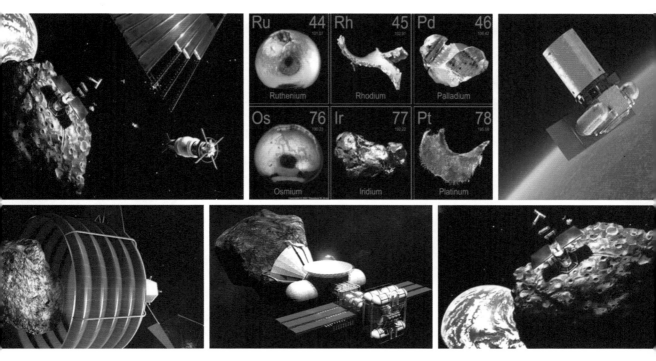

▲ 小行星资源及其开发利用

知识总结

写一写你的收获

灶神星

爱神星

第 2 章

近处看小行星

让我来考考你：

你知道哪颗小行星最大吗？

你知道哪颗小行星最亮吗？

你还知道有哪些形状奇奇怪怪的小行星吗？

别着急，这一章，带你了解小行星"之最"。

谷神星

 # 最大的小行星

▶ 双重身份很特殊

谷神星（Ceres）是太阳系内最大的小行星，并且是唯一一颗位于主带的矮行星，具有双重身份。谷神星于 1801 年 1 月 1 日被意大利天文学家朱塞普·皮亚齐发现，它的名称源于罗马神话中的谷物女神刻瑞斯（Ceres）。2006 年，国际天文学联合会将谷神星正式纳入矮行星的行列。由于谷神星位于小行星主带，同时国际天文学联合会也没有说明它不属于小行星，所以我们仍将谷神星列于小行星之内。

谷神星直径大约 950 千米，质量占小行星带总质量的 25%，是小行星带中已知最大和最重的天体。谷神星的远日距为 2.9773AU，近日距为 2.5577AU，轨道周期为 4.6 年，自转周期（谷神日）是 9 小时 4 分。

▲ "黎明号"探测器拍摄的谷神星

▲ 谷神星表面的亮斑

▶ 发现过程故事多

说起谷神星的发现，这里还有一段故事。

根据提丢斯－波得定则，1772 年，约翰·波得最先提出在火星和木星之间可能有一颗未知行星的猜测。许多天文学家在 2.8AU 附近搜寻，但一直没有发现行星。意大利天文学家朱塞普·皮亚齐经过多年的观测，于 1801 年 1月 1 日发现了谷神星。皮亚齐总共观测了谷神星 24 次，最后一次是 1801 年2 月 14 日，他的观测因为生病才中断。他在 1801 年 1 月 24 日公布了这一发现，但只是写信通知了两位天文学家：他在米兰的同胞巴尔纳巴·奥里亚尼与柏林的约翰·波得。他在报告中说这是一颗彗星，"但是它的运动非常缓慢而且均匀，它让我数度想到应该不是彗星，而更像是其他种类的天体"。在 4月，他将完整的观测报告送给巴尔纳巴·奥里亚尼、约翰·波得和在巴黎的拉

朗德，这些资料都登载在 1801 年
9 月的《每月通讯》（*Monatliche
Correspondenz*）上。

　　此后不久，由于地球在轨道上
的运动，谷神星的视位置有了明显
的改变，它的位置太靠近太阳的眩
光，所以其他天文学家无法在当年
结束之前确认皮亚齐的发现。为了
再次找到谷神星，当时年仅 24 岁的
高斯发明了一种有效的方法测量轨
道。他将三次完整的观测资料（时
间、赤经和赤纬），代入自己暂定的
开普勒定律。在这项工作中，高斯
使用了他为此目的而创建的全面近

▲ 高斯

似法，只用了几个星期的时间，就完成了路径的预测，并送交给冯·扎克。在
1801 年 12 月 31 日，冯·扎克和欧伯斯在接近预测的位置上找回了谷神星。

▶ 内部蕴藏海量水

　　利用欧洲空间局的赫歇尔红外空间望远镜，天文学家发现了谷神星上存在
水的直接证据，水是以水蒸气羽烟的形式喷向太空，形成蒸汽云。围绕谷神星
的水蒸气云吸收了来自谷神星表面的辐射热，水蒸气的喷发量为每秒 6 千克。

　　一种可能的源是冰火山，来自谷神星内部的热物质从表面"吐出"，像是
喷泉。另一种可能是接近表面的冰升华，直接从固体变为气体，类似的过程也
可发生在彗星表面。仪器所发现的两个水蒸气发射区比谷神星平均背景暗淡约
5%，可能是由于这两个区域吸收了更多的阳光，是最温暖的地方。

　　天文学家根据哈勃空间望远镜拍摄的 267 张谷神星图片，进行了计算机模
拟，认为谷神星可能有岩石内核以及薄的外壳；考虑谷神星的密度低，应当有
一个富含水冰的幔。如果幔是由 25% 的水冰组成的，那么，谷神星的淡水将

多于地球的淡水。在地球上大约有 13.35 亿立方千米的水，其中有 3300 万立方千米是淡水；如果考虑谷神星的幔占其质量的 25%，谷神星淡水含量的上限将为 2 亿立方千米。

▲ 谷神星水蒸气羽烟示意图

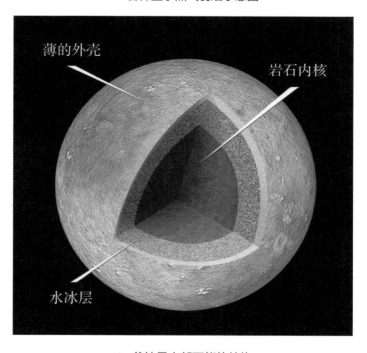

▲ 谷神星内部可能的结构

▶ 高低错落大起伏

"黎明号"探测器拍摄的图像清楚地显示了谷神星的表面特征。

▲ 谷神星表面特征

目前国际天文学联合会已经批准了谷神星 17 个地名正式名称，主要是陨石坑。北纬 20° 以北的陨石坑名称以 A~G 开头，北纬 20° 到南纬 20° 之间的陨石坑名称以 H~R 开头，更南边的陨石坑用 S~Z 开头。这些名称大多来自各文化中与农业相关的神。例如，谷神星最亮的白斑所在的陨石坑被命名为欧卡托（Occator），直径达 90 千米，深度有 4 千米。欧卡托本是罗马秒神的名字。而稍小一些的"亮斑一"所在的陨石坑被命名为夏威夷种植女神豪拉尼（Haulani）。豪拉尼直径 30 千米。根据"黎明号"探测器的红外光谱仪分析，

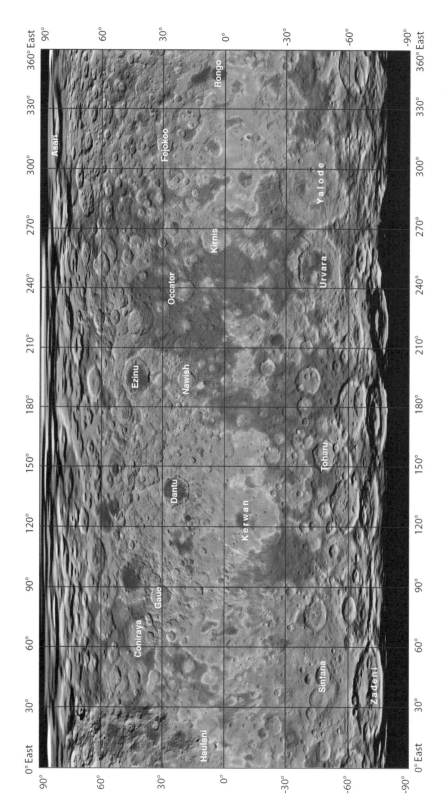

▲ 谷神星表面地形及其名称
不仅显示了地形特征，还标出了主要特征点的名称

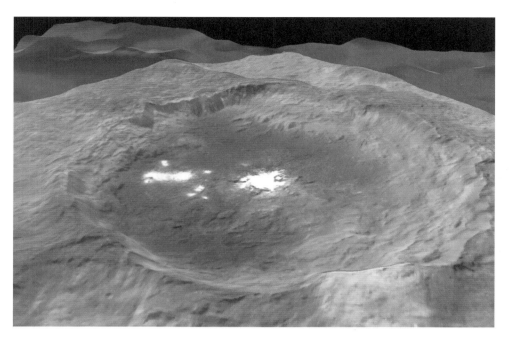

▲ 亮斑所在处欧卡托陨石坑放大图

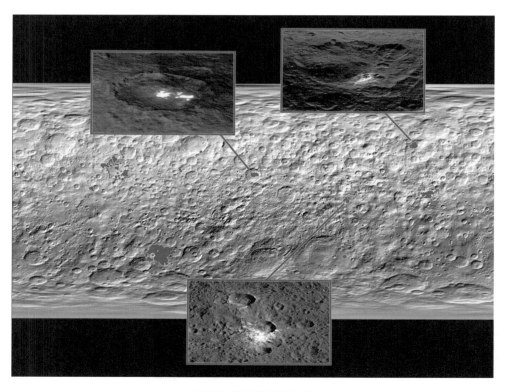

▲ 亮斑在谷神星表面的分布

它是附近所有陨石坑中温度最低的。

被命名为 Dantu 的陨石坑直径 120 千米，深 5 千米。Dantu 是加纳的玉米神。Ezinu 是苏美尔谷物女神，被命名为 Ezinu 的陨石坑和 Dantu 规模相近。Kerwan 和 Yalode 陨石坑比 Ezinu 规模更大。Kerwan 这个名字来自霍皮的发芽玉米之神，Yalode 来自非洲达荷美的收获女神。Urvara 在欧卡托正南方，直径 160 千米，深 6 千米，在它的中心，还有一个显眼的高达 3 千米的峰。Urvara 是印度和伊朗的作物和农田之神。谷神星最高山的高度为 6 千米，与最低处的最大落差达 15 千米。

根据目前的观测结果，谷神星有 130 多处亮斑，大多数伴随着陨石坑。

根据"黎明号"探测器可见光与红外光谱仪的观测结果，光斑最亮的地方含有丰富的碳酸钠（下图右下角的红色部分），其他地方（灰色）的碳酸钠含量较低。

▲ 欧卡托陨石坑亮斑的光谱图

最亮的小行星

▶ 肉眼就能看得见

灶神星（4 Vesta）是第四颗被人类发现的小行星，也是小行星带质量最高的天体之一，其直径约为 529 千米，质量估计达到所有小行星带天体的 9%。

灶神星位于小行星主带，轨道近日距为 2.15221AU，远日距为 2.57138AU，轨道倾角 7.14043°，轨道周期 3.62944 年。

灶神星的表面比较明亮，是唯一一颗在地球上可用肉眼直接看到的小行星。在 2007 年 5 月和 6 月，灶神星的亮度达到自 1989 年以来的最大值。

▶ 巨大盆地在南极

灶神星最明显的特征是邻近南极有两个巨大的盆地，一个是直径大约 500 千米的雷亚希尔维亚（Rheasilvia）盆地，靠近南极的中心；另一个是直径约 400 千米的维纳尼亚盆地，深度约 19 千米。

▲ 灶神星全球图

▲ 2007 年 6 月灶神星在天空的位置

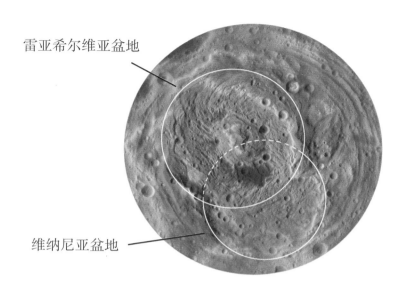

雷亚希尔维亚盆地

维纳尼亚盆地

▲ 邻近南极点的两个巨大盆地

雷亚希尔维亚盆地的中心有一座高 20 千米、直径 200 千米的高山。中央峰从底部最低处隆起 23 千米，坑穴边缘最高处则比底部高 31 千米。目前认为这个盆地是由巨大撞击产生的，估计这次撞击将灶神星体积的大约 1% 抛出。

▼ 雷亚希尔维亚盆地中心的高山

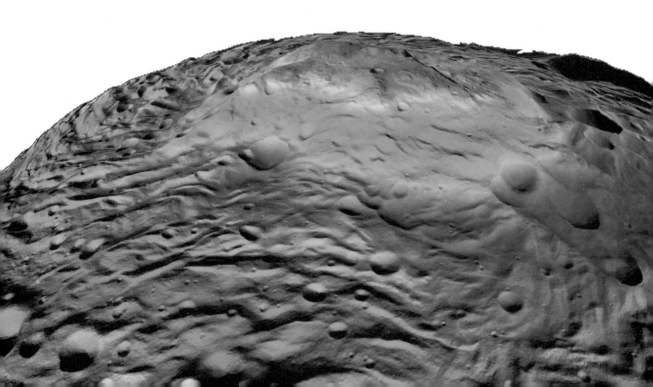

▶ 赤道地区有深沟

灶神星赤道地区的主要部分蚀刻着一系列同心圆槽，最大的被命名为戴瓦利亚槽沟（Divalia Fossa），宽 10~20 千米，长 465 千米。然而灶神星事实上只有月球的七分之一大，戴瓦利亚槽沟就像缩小版的大峡谷。第二个系列，在更北边被发现，向着赤道倾斜，最大的北侧槽沟被命名为

▲ 戴瓦利亚槽沟

农神槽沟（Saturnalia Fossa），宽约 40 千米，长度超过 370 千米。这些槽沟被认为是大型的地堑，分别由造成雷亚希尔维亚盆地和维纳尼亚盆地的巨大撞击形成。

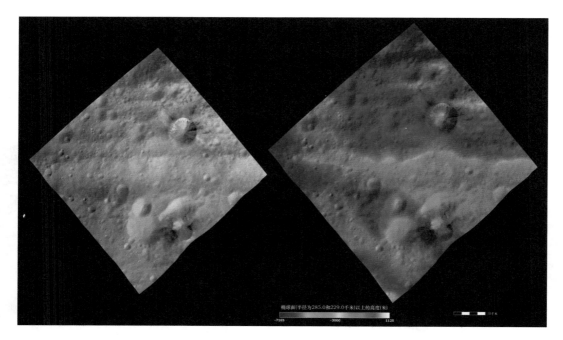

椭球面（半径为285.0和229.0千米）以上的高度（米）

▲ 戴瓦利亚槽沟的一部分

▶ 含碳物质极丰富

美国"黎明号"小行星探测器发现，在灶神星的一些陨石坑周围含有大量富含碳的物质，习惯上称之为暗黑物质。根据这些暗黑物质分布的特征推断，灶神星在历史上很可能遭遇过大量富含碳的小行星的撞击。

▶ 陨石坑周围暗黑物质的分布

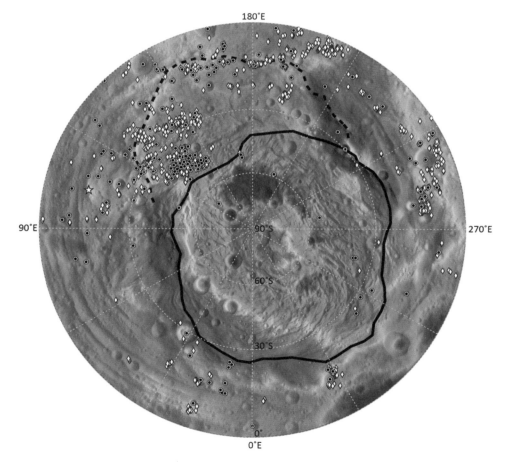

▲ 暗黑物质在灶神星表面的分布

圆圈、钻石形和五角星分别表示在陨石坑、斑和高地附近的暗黑物质。
虚线表示维纳尼亚盆地的山脊，黑实线表示雷亚希尔维亚盆地周围的山脊。

不规则的小行星

▶ 近看像是一堵墙

司琴星（21 Lutetia）是一颗大型的主带小行星，有着不寻常的光谱特征，测量得到的尺寸大约是 121 千米 × 101 千米 × 75 千米。"罗塞塔号"彗星探测器曾在 2010 年 7 月 10 日飞越这颗小行星，到其表面的最近距离为 3170 千米，拍摄到司琴星清楚的图像。由于探测器距离小行星很近，加上尺寸巨大，在探测器摄像机的视场内，面前好像是一堵墙。左下图给出司琴星的图像，从中可看出，司琴星的右侧已经跳出摄像机的视场。

墙上的"立体壁画"清晰可见，有隆起，有塌陷，大小陨石坑交错排列，最高的山峰上也显示出 3 个陨石坑。在"罗塞塔号"成像的北半球和南半球部分区域，辨别出大小在 600 米到 55 千米之间的陨石坑 350 个，最大深度达 10 千米。"罗塞塔号"上的摄像机还给司琴星一些特写镜头，右下图就是一幅清晰的巨石与崩塌图像。

▲ 近看司琴星

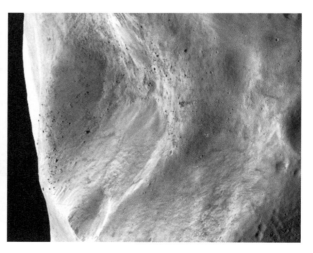

▲ 巨石与崩塌的特写镜头

▶ 七个区域把身藏

根据司琴星表面的地质特征，将成像的北半球划分为七个区域。

这七个区域是以古罗马帝国的体格省命名的，分别是贝蒂卡（Baetica）、亚该亚（Achaia）、伊特鲁里亚（Etruria）、那傍高卢（Narbonensis）、诺里库姆（Noricum）、潘诺尼亚（Pannonia）和雷蒂亚（Raetia）。在图中，黑色圆点处是北极。司琴星最古老的部分是亚该亚和诺里库姆，用红色和黄色标出，年龄在 34 亿年到 37 亿年之间，甚至更老，与小行星本身同龄。在比较年轻的区域那傍高卢（蓝色区）有一个最大的陨石坑，直径达 57 千米。表面最年轻的区域是贝蒂卡（绿色区），位于北极附近。这个区域有许多相互叠加的陨石坑，被称为北极陨石坑群（NPCC），包括 3 个大小超过 10 千米的陨石坑。这些陨石坑保存了发生在地质年代相当近的一系列撞击留下的信息，即在最近几百万年间发生的撞击留下的痕迹。

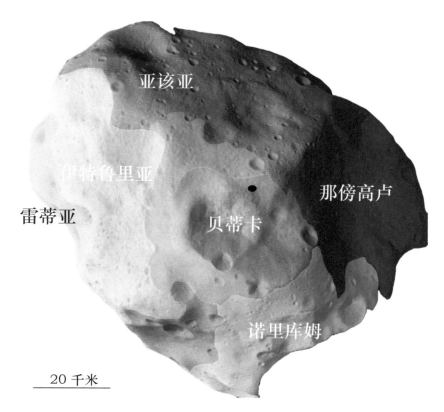

▲ 司琴星北半球表面的各区域

近地小行星真面目

▶ 爱神像个马铃薯

爱神星（Eros）是一颗 S 型近地小行星，属于阿莫尔群，是太阳系第二大近地小行星，也是第一颗被发现的近地小行星。它并不呈球形，而是像马铃薯一般，尺寸为 34.4 千米 × 11.2 千米 × 11.2 千米。爱神星是在 1898 年 8 月 13 日被发现的。远日距是 1.783AU，近日距是 1.133AU，轨道倾角是 10.829°，轨道周期为 643.009 天（1.76 年），自转周期为 5.72 小时。

▲ 爱神星的外形图

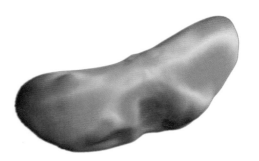

▲ 爱神星重力分布图

爱神星向阳面的温度可达 100℃，而背阳面则低至 -150℃。它的密度为 2.4 克 / 厘米 ^{3}，与地球的地壳相近。

对于这样一颗形状极不规则的天体，其自转轴在什么方向呢？通过探测器的观察，确认了爱神小行星的南北极。

爱神小行星经历了多次的撞击，在其表面产生许多陨石坑，最大的陨石坑 Himeros 直径达 10 千

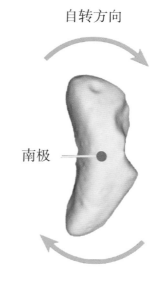

自转方向

南极

▶ 爱神星南极位置及自转方向（从太阳方向看）

米。其中一些陨石坑已经被命名，名称除了有古代西方的一些神外，还有中国古典四大名著之一《红楼梦》的主人公贾宝玉和林黛玉。宝玉陨石坑位于南纬 73.2°、西经 105.6° 附近，半径约 400 米；黛玉陨石坑位于南纬 47.0°，西经 126.1° 附近，半径约 700 米。

"尼尔–舒马克"小行星探测器使用伽马射线谱仪，对其表面的元素成分进行了测量。测量结果表明，爱神星含有多种金属，除了图中所示的铁和钾外，还含有金、铝和其他金属。估计各类金属总蕴藏量在 20 亿吨左右。

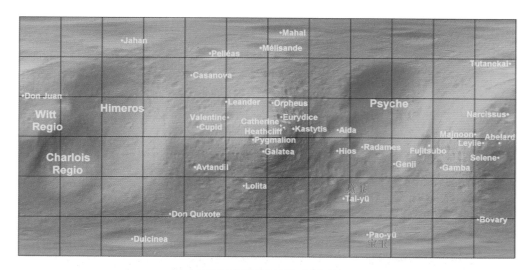

▲ 爱神星表面的陨石坑名称

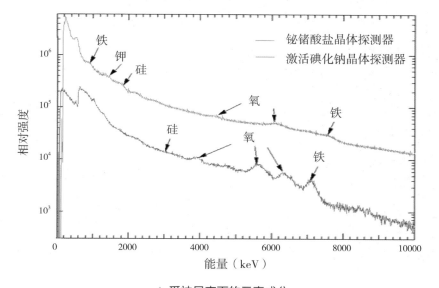

▲ 爱神星表面的元素成分

▶ 糸川表面布冰砾

小行星 25143，又名糸川（Itokawa），是一颗穿越火星轨道的阿波罗小行星。近日距为 0.953AU，远日距为 1.695AU，轨道倾角为 1.622°，轨道周期 1.52 年，自转周期为 12.132 小时，尺寸为 535 米 ×294 米 ×209 米。

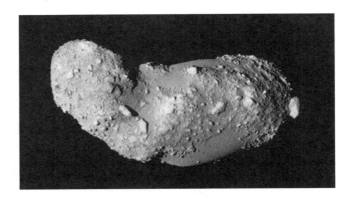

▲ 小行星糸川

这颗小行星是在 1998 年被发现的，当时的临时编号为 1998 SF36，在 2003 年，日本的隼鸟任务发射升空后，成为其目的地的这颗小行星就被命名为"糸川"。糸川是继爱神小行星后，第二个有人造飞行器着陆的小行星，也是第一个被人类取样返回的小行星。

根据"隼鸟"探测器观测的结果，糸川的表面缺乏撞击坑，表面是星罗棋

1750 千克 / 米³

2850 千克 / 米³

▲ 糸川不同部分具有不同的密度

布的粗糙冰砾。任务团队形容这些特殊的冰砾为"瓦砾"。这意味着糸川不是单独巨石，而是像经过长时间凝聚在一起的瓦砾堆。

使用地面的新型望远镜观测，发现糸川的不同部分具有不同的密度。

▶ 图塔蒂斯陨坑密

1 ｜ 曾经丢失的天体

小行星图塔蒂斯（4179 Toutatis）是一颗阿波罗型小行星，同时也是一颗火星轨道穿越小行星。小行星 4179 第一次被看到是在 1934 年 2 月 10 日，当时被记为 1934 CT，但很快就丢失了。直到 1989 年 1 月 4 日，法国天文学家克里斯蒂安·波拉斯才再次发现它，并以凯尔特神话中的战神图塔蒂斯命名。图塔蒂斯因为在法国动画片《阿斯泰利克斯历险记》中经常被高卢召唤出来而在欧洲文化圈非常有名。"战神"这个名字也够吓人的，它要向谁开战呢？起这个名字是否意味着它有撞击地球的危险呢？回答是肯定的，图塔蒂斯属于对地球有潜在危险的小行星。

2 ｜ 战神长的啥模样？

自从再次发现后，地面雷达对其进行了大量观测，特别是阿雷西博和戈德斯通雷达站，在图塔蒂斯于 1992 年、1996 年、2000 年、2004 年、2008 年和 2012 年飞越地球期间，获得了丰富的图像资料，这些图像的分辨率一般在 3.75 米左右。

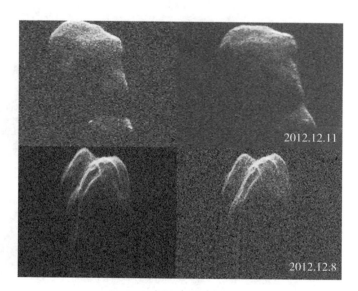

2012.12.11

2012.12.8

▲戈德斯通雷达在 2012 年获得的图塔蒂斯图像

图塔蒂斯轨道近日距为 0.93732AU，远日距为 4.1215AU，轨道倾角是 0.44602°，轨道周期为 4.02 年，自转周期为 5.41

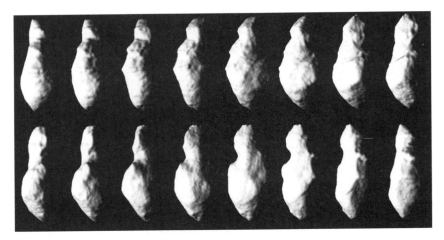

▲ 经过计算机处理后的雷达图像

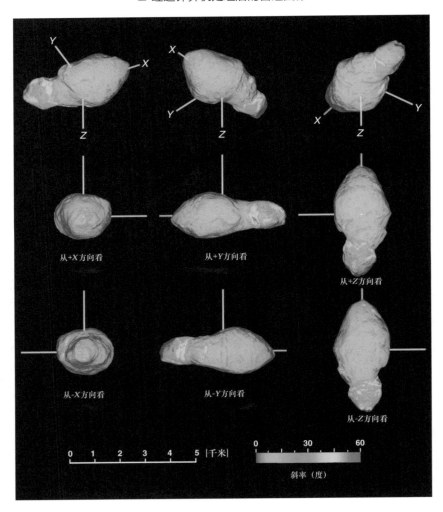

▲ 计算机处理的彩色图片，从不同方向看图塔蒂斯

到 7.33 天，其尺寸为 4.75 千米 ×2.4 千米 ×1.95 千米。

雷达图像看上去一般都显得模糊，后来人们对雷达图像进行计算机处理，得到的图像比较平滑、清楚。

从近处获得图塔蒂斯最清楚图像的是中国的"嫦娥二号"月球探测器。"嫦娥二号"在完成探月任务后，先飞到日地第二拉格朗日点（L2），2012 年 4 月15 日，"嫦娥二号"离开 L2 点前往图塔蒂斯进行探测。北京时间 2012 年 12 月 13 日 16 时30 分 09 秒，"嫦娥二号"在距地球约 700 万千米远的深空掠过

▲ "嫦娥二号"拍摄的图塔蒂斯

图塔蒂斯，最近距离仅为 3.2 千米，获得了清晰的图像。这是中国第一次对小行星进行探测，中国也成为继美国、欧空局和日本之后，第四个对小行星实施探测的国家。

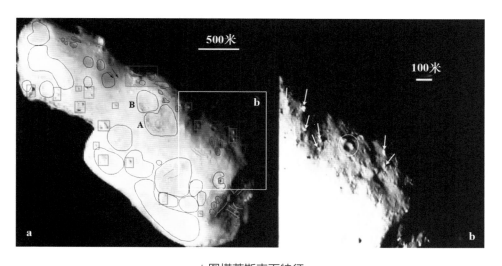

▲图塔蒂斯表面特征

从上图中可以辨别出图塔蒂斯的一些特征。在 a 中用蓝色线和红色方框分别标出了陨石坑和砾石。两个陨石坑靠得很近，小陨石坑 B 似乎叠加在大陨石

坑 A 上。绿线指示了线性构造；黑箭头指出了小颗粒碎片流动方向。b 放大显示了左边 a 中白线包围区域，可看到陨石坑，几十颗砾石随机分布。

3 | 变化的轨道

图塔蒂斯的轨道和木星形成 3：1 的轨道共振，和地球形成 1：4 的轨道共振，即图塔蒂斯围绕太阳转动 3 圈，木星转动 1 圈；图塔蒂斯围绕太阳转动 1 圈，地球转动 4 圈。由于它的轨道倾角非常低（只有 0.44602°），公转周期大约是 4 年，因此图塔蒂斯频繁接近地球，地球轨道与图塔蒂斯轨道之间的最小交会距离 0.006068AU，只是地月距离的 2.3 倍。2004 年 9 月 29 日，图塔蒂斯非常接近地球，仅有 0.0104AU（地球到月球距离的 4 倍），提供了一次很好的观测机会。

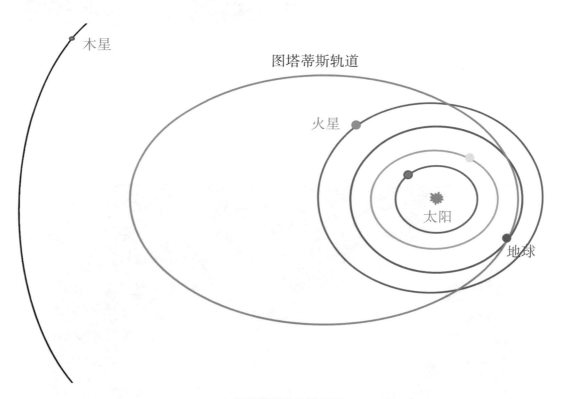

▲ 图塔蒂斯的轨道位置

轨道共振是天体力学中的一种效应与现象，其物理原理在概念上类似于推动儿童荡秋千，轨道和摆动的秋千之间有着一个自然频率，其他机制和"推"所做的动作周期性的重复施加，产生累积性的影响。

轨道共振大大地增加了两个天体之间相互引力的影响，即它们能够改变或限制对方的轨道。在多数情况下，这导致"不稳定"的互动，其中的两者互相交换动能和转移轨道，直到共振不再存在。在某些情况下，一个谐振系统可以稳定和自我纠正，所以这些天体仍维持着共振。例如，木星卫星——木卫三、木卫二和木卫一轨道的 1∶2∶4 共振，以及冥王星和海王星之间的 2∶3 共振。土星内侧卫星的不稳定共振造成土星环中间的空隙。1∶1 的共振（有着相似轨道半径的天体），造成太阳系大天体将共享轨道的小天体弹射出去，这是清除轨道上其他天体的一种机制。

▶ 阿波菲斯令人惊

小行星阿波菲斯（99942 Apophis）是一颗近地小行星，从 2004 年 6 月 19 日被发现直到 2004 年 12 月 27 日，人类对其进行了近 200 次观测。刚被发现时被称为 2004 MN4，当人们清楚计算出它的轨道后，它便获得"99942"这个永久编号（2005 年 6 月 24 日）。观测结果表明，这颗小行星撞击地球的危险性很大，于是在 2015 年 7 月 19 日，该天体被命名为"阿波菲斯"（Apophis），是古埃及黑暗、混乱及破坏之神 Apep 的希腊文名称。该小行星的中文名字叫毁神星。

阿波菲斯的远日距为 1.09851AU，近日距为 0.74605AU，轨道周期 323.5 天，半长轴小于 1AU。每当它接近和离开太阳时，其轨道会与地球轨道相交。基于对阿波菲斯亮度的观测，其大小估计约 325 米。

2004 年 12 月 28 日，NASA 的科学家计算出它将在 2029 年 4 月 13 日距离地球表面仅 58000 千米。

这颗小行星在接近地球的过程中肉眼可见，在北京附近，这颗小行星将于北京时间 2029 年 4 月 13 日 20 时 40 分视星等超过 6.0 等，届时位于南偏东 44° 方向。小行星将于 23 时 41 分到达最大地平高度 30.09°，届时位于南偏西 7° 方向，视星等 5.3 等。此后小行星的高度将逐渐降低，并且继续向西移动，亮度进一步增加。小行星的亮度将于降到地平线附近时达到最高，届时的视星等可达 4.7 等，时间为次日 3 时 20 分，位于南偏西 84°。考虑上述因素，这颗小行星在北京地区的最佳观测时间应为 2029 年 4 月 14 日凌晨 1 时半至 2 时半。

最近的观测则认为，在 2044 年或 2053 年 12 月 28 日可能发生撞击事件（但概率不足以发布警报）。

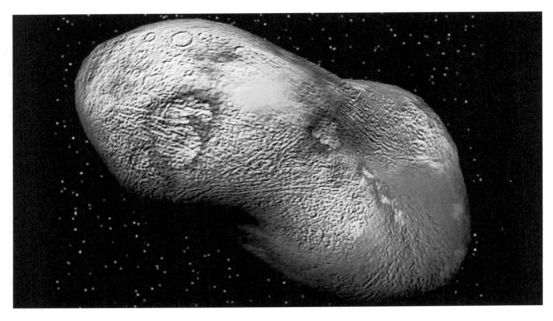

▲ 小行星阿波菲斯

知识总结

写一写你的收获

对撞击概率最初估计的情况

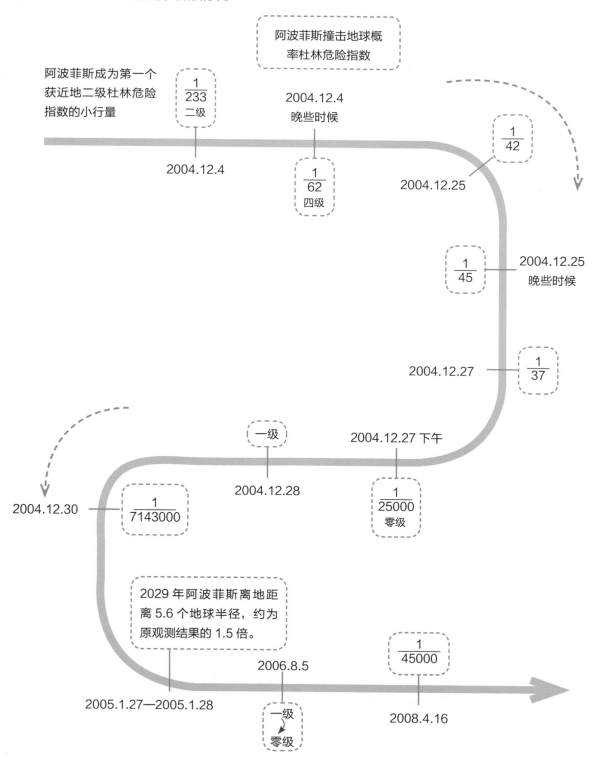

阿波菲斯成为第一个
获近地二级杜林危险
指数的小行量

$\frac{1}{233}$
二级

2004.12.4

阿波菲斯撞击地球概
率杜林危险指数

2004.12.4
晚些时候

$\frac{1}{62}$
四级

$\frac{1}{42}$

2004.12.25

$\frac{1}{45}$

2004.12.25
晚些时候

2004.12.27

$\frac{1}{37}$

一级

2004.12.28

2004.12.27 下午

$\frac{1}{25000}$
零级

2004.12.30

$\frac{1}{7143000}$

2029 年阿波菲斯离地距
离 5.6 个地球半径，约为
原观测结果的 1.5 倍。

2005.1.27—2005.1.28

2006.8.5

一级
零级

$\frac{1}{45000}$

2008.4.16

第 3 章

小行星**撞击**地球

- -

小行星千千万，会不会有哪一颗撞到我们的地球呢？

在很多年以前，地球是不是经历过撞击呢？

我们人类该如何做，才能保护我们生存的家园？

这一章，带你解开这些疑问。

- -

 # 不是空穴来风

▶ 刚刚撞击俄罗斯

车里雅宾斯克小行星撞击事件是发生在 2013 年 2 月 15 日叶卡捷琳堡时间（YEKT）上午 9 时 15 分（世界标准时间 3 时 15 分）左右，位于俄罗斯乌拉尔联邦管区车里雅宾斯克市的一次小行星撞击事件。小行星进入大气层时，在天空中留下大约 10 千米长的轨迹。主要的碎片似乎击中了切巴尔库尔湖。该次事件中有 1491 人受伤。大多数人受伤的原因是碎玻璃和建筑震动。这次事件是自 1908 年通古斯大爆炸以来在地球上发生的最大的空中爆炸。

▲ 车里雅宾斯克建筑物受损情况

事发当日，在俄罗斯西部的车里雅宾斯克附近地区的民众都在事发时看见天空中有特别明亮的燃烧体。许多录像显示火球跨越天际不久之后传来了音爆。流星雨发生在叶卡捷琳堡时间 9 时 20 分，就在车里雅宾斯克的日出后几分钟和叶卡捷琳堡的日出前几分钟。那时这个物体的亮度似乎比初升的太阳还要明亮，并且稍后美国 NASA 也证实这是一颗比太阳还要亮的火流星。依据俄罗斯联邦航天局的报告，初步推测这个被称为 KEF-2013 的天体是一颗低轨道的流星，以每小时 108000 千米（或 30 千米 / 秒）的速度移动。

美国 NASA 估计这颗火流星的直径大约是 17 米，它的质量在 7000~10000

▲ 观测到的流星痕迹

吨之间。NASA 估计它释放的能量相当于 50 万吨 TNT，释放的能量不够大，尚不足以造成地震。

俄罗斯地理学会发布的文献指出，车里雅宾斯克的陨石造成了三次不同能量的冲击波，所有的爆炸之前都有历时约 5 秒钟的耀眼闪光。第一次的爆炸最强大，高度预估范围在 30~70 千米，伴随着的爆炸相当于 50 万吨 TNT，同时震源在车里雅宾斯克南方的叶曼热林斯克和南乌拉尔斯克之间的上空。冲击波在 2 分钟后才抵达车里雅宾斯克地面。

乌拉尔联邦大学的科学家在切巴尔库尔湖发现一个样本，此物体是车里雅宾斯克陨石的一部分。

就在车里雅宾斯克小行星撞击事件发生的同一天，一颗直径约 45 米的近地小行星 2002 DA14 掠过地球，距离地球表面只有 27743 千米，还不到地球同步轨道的高度。同一天发生的这两个事件进一步启发人们的思考，近地天体

▲ 流星体一部分坠入湖中
右下角显示从湖底打捞起的陨石

撞击地球的可能性究竟有多大？人类是否掌握了应对小天体撞击地球的方法、技术和措施？

▶ 地球经历大灾变

在地球大约 45 亿年的历史中，经历了无数次的撞击。但由于地质的变迁、表面的演变，当年的陨石坑已经难以辨别。进入太空时代以后，通过卫星遥感与地面观测，目前已辨别出 172 个陨石坑。与月球相比，尽管这个数字小得可怜，但仍然可以说明地球早期确实受到过严重的撞击。

1 ｜ K-T 大相撞

白垩纪—第三纪灭绝事件是地球历史上的一次大规模物种灭绝事件，发生于中生代白垩纪与新生代第三纪之间，约 6550 万年前，当时地球上的大部分动物与植物灭绝了，包含恐龙在内。

在白垩纪与第三纪的地层之间，有一层富含铱的黏土层，名为 K-T 界线。

由于国际地层委员会不再承认第三纪是正式的地质年代名称，由古近纪与新近纪取代，因此，白垩纪—第三纪灭绝事件又可称为白垩纪—古近纪灭绝事件。

▲ 恐龙化石

恐龙（不包含鸟类）的化石仅发现于 K-T 界线的下层，显示它们在这次灭绝事件发生时（或之前）迅速灭绝。除了恐龙以外，沧龙科、蛇颈龙目、翼龙目及多种植物与无脊椎动物，也在这次事件中灭绝。哺乳动物与鸟类则存活下来，成为新生代的优势动物。

现在已经证实，这次灭绝事件的主要原因是小行星或彗星引起的撞击。希克苏鲁伯陨石坑位于墨西哥尤卡坦半岛，埋藏在地表之下。这个陨石坑的名称，取自陨石坑中心附近的城市希克苏鲁伯，希克苏鲁伯在玛雅语中意为"恶魔的

▼ 希克苏鲁伯陨石坑位于海拔 1740 米的高原上，直径 1200 米，深达 170 米，周围围绕着 45 米高的隆起地形。

尾巴"。根据推测，陨石坑整体呈椭圆形，平均直径约有 180 千米，是地球表面最大型的撞击地形之一。希克苏鲁伯陨石是全世界所有已知爆炸事件中规模排名第一的，相当于 100 万亿吨 TNT。

在 20 世纪 70 年代晚期，地质学家格伦·彭菲尔德（Glen Penfield）在尤卡坦半岛从事石油勘探工作时，发现了这个陨石坑地形。目前已在该地区发现冲击石英、重力异常、玻璃陨石等地质证据，可证明希克苏鲁伯陨石坑是由撞击事件造成的。从岩石的同位素研究得知，希克苏鲁伯陨石坑的年代约为 6500 万年前，白垩纪与古近纪交接时期。由于该陨石坑的规模与年代，希克苏鲁伯陨石坑常被认为是白垩纪—古近纪灭绝事件的成因，造成恐龙等生物的灭绝；但也有科学家提出当时另有其他的灭绝因素。近年来，另有多重撞击理论，认为当时有许多颗陨石在短时间内撞击地球，而希克苏鲁伯陨石坑仅是其中一颗。另有天文研究指出，这些陨石是在 1.6 亿年前分裂而成。

2 ｜ 5 万年前的撞击

巴林杰陨石坑（Barringer Crater）位于美国亚利桑那州北部的沙漠

▼ 巴林杰陨石坑

中，因保存完好而颇具知名度。美国内政部通常会以距离某天然地标最近的邮局名称为该地命名，而最近的邮局名称是"Meteor"，美国内政部将它命名为"Meteor Crater"。巴林杰陨石坑起初被命名为"代亚布罗峡谷陨石坑"（Canyon Diablo Crater），而造成该陨石坑的陨石残骸被命名为代亚布罗峡谷陨石。科学家则将它称为"Barringer Crater"，作为对首位提出成因是陨石撞击的科学家丹尼尔·巴林杰的纪念。该撞击坑是巴林杰家族的私人公司巴林杰陨石坑公司的财产，而该公司称巴林杰陨石坑是"地球上最著名、保存最完好的陨石坑"。

根据推测，形成巴林杰陨石坑的陨石是一颗直径 50 米左右的镍铁质陨石，陨石撞击所释放的能量相当于 1×10^7 吨黄色炸药。撞击时的速度各家推论不一，最早的模拟认为撞击速度达到每秒 20 千米，但近年的研究认为撞击速度应是较慢的每秒 12.8 千米。一般相信大约一半的陨石体在撞击前就已在大气层中汽化。

今日的巴林杰陨石坑是一个热门的旅游景点，拥有该陨石坑的巴林杰家族向到访的游客收取入场费。当地一开始是以行星地质学博物馆为人所知，设有美国太空人名人墙、一个阿波罗计划的指挥舱测试模组，以及在当地找到的一个重量 637 千克的陨石，游客可触摸陨石标本。位于陨石坑环北半部分的游客中心设有互动展示品，以帮助游客了解陨石、小行星、太阳系与彗星。游客中心还设有电影院、礼品店和位于陨石坑环内的观景区。

3 | 最近的史前撞击事件

位于阿根廷的里奥夸尔托陨石坑（Rio Cuarto Craters），被认为是约 10000 年前一个小行星以极低角度撞击地球造成的。由于小行星在撞击到地面之前已经分裂成一些碎片，因此在地面造成一组陨石坑。

位于印度的洛那陨石坑湖（Lonar Crater Lake），在一个有大量植物的副热带丛林中，平均直径 1.2 千米。通常估计年龄为 46000~58000 年，但 2010 年的一篇论文认为该撞击坑可能更古老，为 523000~617000 年。

位于澳洲的亨伯里撞击坑（Henbury Craters）年龄约 5000 年，是由破裂的流星体撞击地面形成的。在亨伯里地区有 13 个直径 7~180 米的陨石坑，最大深度达 15 米。

▲ 洛那陨石坑湖

爱沙尼亚的卡里撞击坑（Kaali Craters）是由 9 个陨石坑组成的群，大约是在 4000 年前产生的。这次撞击可能是唯一发生在人口稠密区的事件。估计小行星在 5~10 千米的高度上破裂，碎片撞击到地球表面，最大的碎片产生一个直径为 110 米、深度为 22 米的陨石坑。8 个小陨石坑直径 12~40 米，深1~4 米。

▼ 亨伯里地区最大的陨石坑

▲ 卡里撞击坑群中最大的一个

▶ 现代撞击也常见

1 | 20 世纪的撞击事件

通古斯大爆炸（Tungus Explosion），是 1908 年 6 月 30 日上午 7 时 17 分发生在今俄罗斯西伯利亚埃文基自治区上空的爆炸事件。爆炸发生于通古斯河附近、贝加尔湖西北方 800 千米处。当时估计爆炸威力相当于 2000 万吨 TNT 炸药，超过 2150 平方千米内的 8000 万棵树焚毁倒下。目前比较一致的意见是一颗直径 60~190 米的小行星在离地面高 6~10 千米的上空爆炸。

▲ 通古斯大爆炸

（1）撞击后的森林；（2）撞击发生时的模拟图；（3）从撞击地挖出陨石

2 ｜ 2000 年以后发生的撞击事件

（1）在 2000 年 1 月 18 日凌晨，一颗流星体在加拿大育空地区的白马市上空 26 千米爆炸，产生巨大的火球，夜空被照亮如同白天。产生该火球的流星体直径约 4.6 米，重量约 180 吨。

（2）2002 年 6 月 6 日，一颗估计直径 10 米的小天体撞击了地球。这次撞击发生在地中海，介于希腊和利比亚之间，大约在东经

▲ 白日大火球

21° 北纬 34° 处的半空中发生爆炸。释放的能量约在 26000 吨 TNT，相当于一个小型核武器。

（3）2006 年 6 月 7 日，一颗流星体撞击到挪威的瑞瑟达伦（Reisadalen）。目击者一开始报告该次撞击造成的火球相当于广岛原子弹爆炸的能量，但科学家分析撞击地点后认为，爆炸能量相当于 100 吨到 500 吨 TNT 爆炸当量，大约是"小男孩原子弹"能量的 3%。

（4）2007 年 9 月 15 日，一颗流星体撞击秘鲁西南部一个村庄的水坑，并在邻近区域散发出大量气体。许多当地居民吸入气体后感觉身体不适，该气体应是撞击后短时间内散发出的有毒气体。

（5）2008 年 10 月 7 日，编号为 2008 TC3 的小行星接近地球，进入大气层并撞击到苏丹，这个过程被地面设备追踪达 20 小时。这是人类首次对将要撞击地球的天体进行跟踪和预报。撞击后产生的数百个陨石碎片散布在努比亚沙漠。

▲ 在沙漠中发现的 2008 TC3 碎片

（6）2009年10月8日，一颗巨大的火球出现在印尼波尼市附近的天空中。这个天体被认为是一颗直径10米的小行星，估计这颗火球释放出的能量相当于5万吨TNT，或是2倍于广岛原子弹。没有人员伤亡的报道。

（7）2009年11月21日，有一个火球被南非的警用和交通摄影机拍摄下来。这颗流星落在南非和博茨瓦纳边界一带的偏远地区，并可能产生了一次小规模撞击。

（8）2013年2月15日，俄罗斯发生了车里雅宾斯克小行星撞击事件。

危险仍然存在

▶ 海量天体尚未被发现

到 2020 年 10 月 18 日，人类已经发现了 24035 颗近地小行星，但这个数量仅是"冰山的一角"，海量的近地小行星还未被发现。下图给出美国"宽场红外观察探索者"（WISE）卫星估计的各种尺寸近地小行星的数量。

对于尺寸大于 1000 米的小行星，WISE 观测数为 981，以前估计数为 1000，这两者的差别比较小。对于尺寸小的近地小行星，观测到的数量与预计的数量相差很大。这项研究没有应用到尺寸小于 100 米的天体，但这些尺寸小

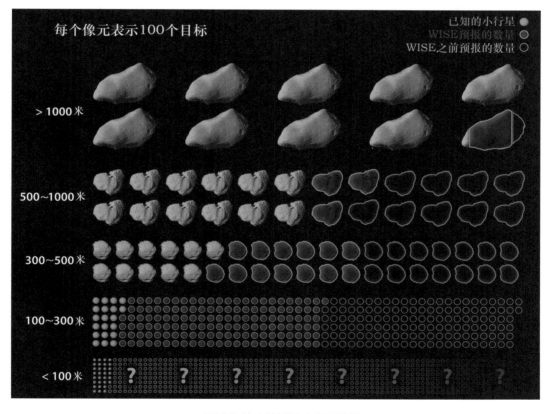

▲ WISE 给出的近地小行星数量

的天体数量巨大。

　　根据理论模式，下图给出近地小行星数量随 H 值的变化。其中的蓝色虚线表示直径小于 1.5 千米的小行星数量按幂指数规律变化，斜率为 -1.32±0.14。按这个规律计算，直径大于 140 米的近地小行星为 11300~15100 颗。红线表示到 2010 年 7 月 21 日发现的数量。蓝色圆圈表示 2010 年估计的数量。箭头所指示的分别是造成通古斯事件和 K-T 大碰撞事件的小行星的大小。N（＜H）表示小于相应的 H 值的小行星的数量。图的上方给出相应大小的小行星所具有的撞击能量。图右边的单位表示图中相应大小的小行星撞击地球的时间间隔，或者说每多少年发生一次。直径越大的小行星数量越少，因此撞击地球的概率低。

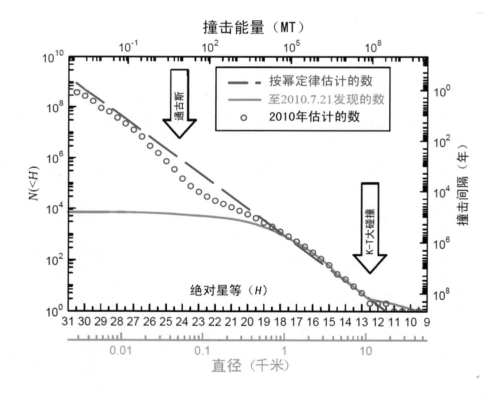

▲ 近地小行星数量随 H 的变化

▶ 不速之客突然来袭

在前面的分析中，我们重点介绍了近地小行星的情况。近地天体（Near-Earth Objects，NEOs）包括近地小行星和短周期彗星。所谓短周期彗星，是指轨道周期小于 200 年的彗星。在历史的长河中，200 年是短暂的，可对于人类来说，是跨越几代人的时间。因此，确定彗星的数量和轨道特征，难度更大。我们还应注意到，有些彗星会偶然闯入内太阳系，人类更难以确定其轨道。甚至在人类刚刚发现它时，它就具有了短期内撞击地球的风险性。例如在 2013 年 1 月 3 日发现的彗星 C/2013 A1（赛丁泉彗星），在 2014 年 10 月 19 日飞越火星，到火星中心的距离大约为 140 000 千米。估计彗星 C/2013 A1 来自奥尔特云，进入内太阳系之前，已经飞行了几百万年。尽管这次赛丁泉彗星没有撞击火星，但奥尔特云中这类天体的数量是巨大的，究竟什么时候会有一颗飞到内太阳系，具有很大的偶然性。

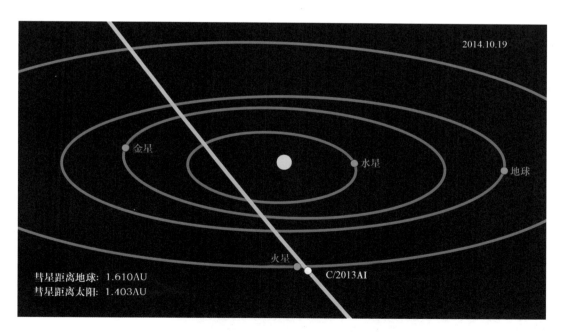

▲ 彗星 C/2013 A1 飞越火星的轨道

▶ 随意变线不走正道

在城市交通中，如果所有汽车都各行其道，不随意变线，不抢行、快行，是不会发生撞车事故的。与此类似，如果每颗小行星都在自己的轨道上运行，不会与其他小行星或地球相撞。但情况不是那么简单，小行星在围绕太阳运行时，除了受到太阳的引力之外，还要受到大行星的作用力，此外还要受到阳光的作用力。这些作用力都可以使小行星的轨道发生变化，在一定的条件下，就可能发生"撞车"事故。

许多近地小行星在金星和地球附近飞越，每次飞越都会使轨道发生很大的变化，这是导致这些小行星轨道不确定性的重要因素。

另外"亚尔科夫斯基"效应（Yarkovsky effect）对小行星的轨道也有明显的影响。

当小行星吸收阳光和释放热量时，会对自身产生一个微小的推动力，进而影响轨道。根据对小行星 6489 Golevka 的观测，从 1991 年到 2003 年间，位置比预期值移动了 15 千米。由于对大多数小行星的表面特征不了解，目前难以确定某个小行星"亚尔科夫斯基"效应的大小。因此需要对小行星进行就

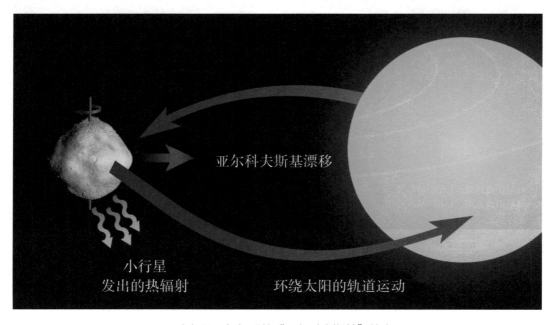

▲ 小行星贝努经受的"亚尔科夫斯基"效应

近观测或取样返回探测。

上页图中给出贝努小行星经受的"亚尔科夫斯基"效应。由于小行星逆向自转，热辐射作用像是火箭发动机，使得贝努的轨道运动速度变缓，导致小行星从现在的轨道向内漂移。

▶ 外带撞击飞来横祸

2007 年 9 月 6 日，《自然》杂志发表一篇文章认为，小行星 298 巴普提斯蒂娜（Baptistina）可能是一颗在 1.6 亿年前因与较小天体碰撞而被摧毁的母小行星（直径 170 千米）的最大残骸，此次事件也造成了巴普提斯蒂娜族小行星诞生。此外，这次事件所产生的碎片之一也被认为最终撞击了地球，导致了在 6500 万年前灭掉恐龙的白垩纪—古近纪灭绝事件。下图中给出小天体撞击直径为 170 千米母小行星示意图。

▶ 小天体撞击母
小行星示意图

2011 年，一些科学家利用美国"宽场红外观察探索者"（WISE）的数据得到新的结论，认为巴普提斯蒂娜小行星实际上是在 8000 万年前破裂的，而不是《自然》杂志文章所说的 1.6 亿年。但有一点科学家的意见是一致的，就是造成恐龙灭绝的撞击事件发生在 6500 万年前。但究竟是哪颗小行星造成了这次事件，还有待于进一步研究。

撞击风险有多大

▶ 尺寸小的概率大

天体的大小和撞击事件频率是逆相关的，越是小的天体与地球相撞越频繁。月球陨石坑记录表明，撞击频率与陨石坑直径的立方成反比，即陨石坑的直径越大，数量越少。直径为 1 千米的小行星平均每 50 万年撞击地球一次；直径为 5 千米的小行星撞击地球的概率大约是每 2000 万年一次。上一次撞击地球的小行星直径在 10 千米左右，发生在 6500 万年前。

根据"地球撞击效应计划"网站（http://impact.ese.ic.ac.uk/ImpactEffects/）给出的数据，石质小行星撞击地球所产生的效应列于表中。

直径（米）	进入大气层的动能（t TNT）	空爆能量（t TNT）	空爆高度（千米）	平均频率（年）
4	3×10^3	0.75×10^3	42.5	1.3
7	16×10^3	5×10^3	36.3	4.6
10	47×10^3	19×10^3	31.9	10.4
15	159×10^3	82×10^3	26.4	27
20	376×10^3	230×10^3	22.4	60
30	1.3×10^6	930×10^3	16.5	18.5
50	5.9×10^6	5.2×10^6	8.7	764
75	16×10^6	15.2×10^6	3.6	1900
85	29×10^6	28×10^6	0.58	3300

▲ 石质小行星撞击地球所产生的效应

直径（米）	进入大气层的动能（t TNT）	撞击能量（t TNT）	陨石坑直径（千米）	撞击频率（年）
100	47×10^6	38×10^6	1.2	5200
130	103×10^6	64.8×10^6	2.0	11 000
150	159×10^6	71.5×10^6	2.4	16 000
200	376×10^6	261×10^6	3.0	36 000
250	734×10^6	598×10^6	3.8	59 000
300	1270×10^6	1110×10^6	4.6	73 000
400	3010×10^6	2800×10^6	6.0	100 000
700	16100×10^6	15700×10^6	10.0	190 000
1000	47000×10^6	46300×10^6	13.6	440 000

注：上表中假定小行星的密度为 2600 千克 / 米 ^{3}，速度为 17 米 / 秒，撞击角为 45°。

▲ 石质小行星撞击沉积岩所产生的陨石坑

▶ 轨道靠近危险增

小行星的轨道越靠近地球，则撞击风险越大。绝大多数小行星的轨道与地球的轨道并不在同一平面内，为了描述小行星轨道与地球轨道之间的距离，引入了最小轨道交会距离（MOID）的概念。MOID 的数值越小，发生撞击的可能性越大。

▶ 评估危险有依据

1 ┃ 杜林危险等级

杜林危险等级（Torino scale）是用来评估近地天体撞击地球的指标。通过这些等级，公众可以直观地了解天体撞击地球的严重性。

杜林危险等级使用介于 0 至 10 之间的整数数值，当中"0"代表其撞击地球的机会微乎其微，或是在撞击地球前会被大气层摩擦燃烧殆尽；"10"代表该

物体撞击地球的机会十分大，并足以造成全球性大灾难。

该等级用了白、绿、黄、橙、红五种颜色代表不同的级数：白色——无危险；绿色——正常；黄色——需要天文学家注意；橙色——威胁；红色——肯定发生撞击。

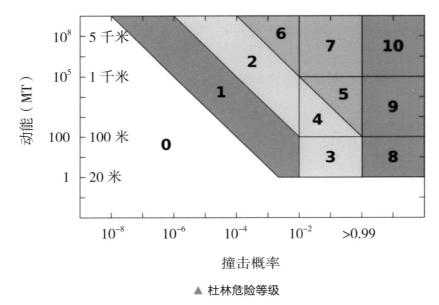

▲ 杜林危险等级

0：该天体撞击地球的机会是零，或者撞击的危险微乎其微，可以当作零。也用于在撞击地球前烧毁的天体，如流星群，极少引起破坏的小陨石。

1：天文学家例行地发现近地天体，并预测该天体不会对地球构成不寻常的危险。现行的计算显示，撞击的机会极低，并不需要引起公众的注意或关注。在绝大多数情况下，进一步的望远镜观测会将危险指数再评为 0 级。

2：发现近地物体（随着进一步搜寻，类似的发现可能会越来越多），而该物体会接近地球，但不会异常地过于接近。虽然有关发现需要天文学家的注意，但由于撞击的可能性非常低，因此并不需要引起公众的注意或关注。在绝大多数情况下，进一步的望远镜观测会将危险指数再评为 0 级。

3：发现近地物体，需要天文学家注意。现行计算显示会有 1% 或以上的可能性造成小范围的冲撞损毁。在绝大多数情况下，进一步的望远镜观测会将危险指数再评为 0 级。如果该天体 10 年内会靠近地球，应通知公众和有关部门。

4：发现近地物体，需要天文学家注意。现行计算显示会有 1% 或以上的可能性造成区域性的冲撞损毁。在绝大多数情况下，进一步的望远镜观测会将危险指数再评为 0 级。如果该天体 10 年内会靠近地球，应通知公众和有关部门。

5：有近地物体接近，可能会带来区域性的严重破坏，但未能确定是否必然发生。天文学家需要极度关注，并判断是否会发生撞击。如果该天体 10 年内可能撞击地球，各国政府可被授权采取紧急应对计划。

6：有大型近地物体接近，可能会带来全球性的灾难性破坏，但未能确定是否必然发生。天文学家需要极度关注，并判断是否会发生撞击。如果该天体 30 年内可能撞击地球，各国政府可被授权采取紧急应对计划。

7：有大型近地物体非常接近地球，在一个世纪内可能会带来前所未有的全球灾难，但未能确定是否必然发生。如果该威胁出现在未来一个世纪内，国际的紧急应对计划将会被授权，特别是利用重点观测尽快获得令人信服的证据，确定撞击是否会发生。

8：天体撞击将会发生，若撞击在陆地发生，将会对局部地区造成毁坏；若物体撞落近岸地区，可能会引发海啸。此等撞击平均每隔 50 至数千年发生一次。

9：天体撞击将会发生，若撞击在陆地发生，将会对大面积地区造成毁坏；若撞落海洋，可能会引发大海啸。此等撞击平均每隔 1 万至 10 万年发生一次。

10：天体撞击将会发生，无论撞击陆地或海洋，均会造成全球气候大灾难，并会威胁现有文明的未来。此等撞击平均每 10 万年或以上发生一次。

2 ┃ 巴勒莫撞击危险指数

巴勒莫撞击危险指数是天文学家用来评判一个近地天体对地球威胁大小的对数标准。0 级表示背景危险水平；+2 级表示危害是背景危险水平的 100 倍。指数值小于 -2 表示没有撞击风险；指数值在 0 和 -2 之间表示需要加强监测。

▶ 哨兵判别危险星

哨兵危险表是由 NASA 所属的喷气与推进实验室（JPL）负责制订的表示小行星撞击风险状态的表格。"哨兵"是高度自动的碰撞监视系统，能连续地扫描大多数当前的小行星在未来 100 年撞击地球的可能性。此表根据最新观测结果不断更新。下面是 2019 年 6 月 4 日发布的哨兵危险表（一部分）。

天体名称	年度范围	潜在撞击	撞击概率（累积）	$v_{infinity}$（千米/秒）	H	估计直径（千米）	巴勒莫指数（累积）	巴勒莫指数（最大）	杜林指数（最大）
29075（1950 DA）	2880—2880	1	1.2×10^{-4}	14.10	17.6	1.300	-0.40	-0.44	—
101955 Bennu	2175—2199	78	3.7×10^{-4}	5.99	20.2	0.490	-1.71	-2.32	—
410777（2009 FD）	2185—2198	7	1.6×10^{-3}	15.87	22.1	0.160	-1.78	-1.83	—
1979 XB	2056—2113	2	7.4×10^{-7}	23.92	18.5	0.662	-2.82	-2.77	0
2007 FT3	2019—2116	165	1.5×10^{-6}	17.06	20.0	0.340	-2.82	-3.74	0
99942 Apophis	2060—2105	12	8.9×10^{-6}	5.85	19.1	0.370	-2.83	-2.93	0
（2010 GD37）	2019—2101	31	8.1×10^{-9}	26.39	17.2	1.260	-3.14	-3.38	0
（2001 CA21）	2020—2073	4	1.2×10^{-8}	30.71	18.5	0.678	-3.43	-3.73	0
2016 NL56	2023—2118	259	7.2×10^{-7}	15.23	20.6	0.265	-3.65	-4.47	0
（2016 WN55）	2020—2114	77	1.2×10^{-7}	15.39	19.4	0.451	-3.67	-4.10	0

▲ 哨兵危险表

对哨兵危险表每列的说明：

天体名称：暂时名或永久名，由国际小行星中心确定。

年度范围：发生撞击的时间范围。

潜在撞击：由哨兵探测到的动态的潜在撞击次数。

撞击概率（累计）：所有能探测到的潜在撞击概率之和。

$V_{infinity}$：小行星相对于地球的速度。

H：绝对星等。

估计直径：根据绝对星等估计的小行星的直径。

★ 小贴士

欧洲空间局也定期发布近地小行星撞击地球风险表，感兴趣的读者可关注网址：http://neo.ssa.esa.int/neo-chronology。

十大完善措施

　　人类自从认识到近地小行星的撞击危险性以来，一直在思考如何减轻和避免小行星撞击地球所带来的灾害，并提出了许多应对措施。从不同的角度考虑，可以把这些措施分成几种类型。

　　从对撞击者处理方式的角度考虑，可分为偏转小行星的轨道和击碎小行星这两种方式，每种方式又可以有多种方法。前者只将"敌人"赶跑，并不要求消灭；后一种方式是将入侵小行星击成碎片。

　　按使用的能源不同，可以分为动能、电磁能、引力作用、太阳能及核能。

　　从接近小行星的方式划分，可分为拦截、轨道交会和遥远的空间站。

　　根据是否能快速地向目标传递能量，还可以分为直接和间接两种方式。直接方式包括核爆炸、动能撞击器和快速截断火流星的路径。直接方法的优点是可以节省钱和时间，但它们的效应是立竿见影的，因此执行这类操作需要精确的时间。这类方法适用于短期预报和长期预报的灾害，最适用于可以直接推动的坚固目标，但是在动能撞击器中，对松弛的聚集体不是很有效。间接方式包括引力牵

▼ 应对不同撞击目标的措施树，
NEOs 泛指近地天体，包括近地小行星和短周期彗星

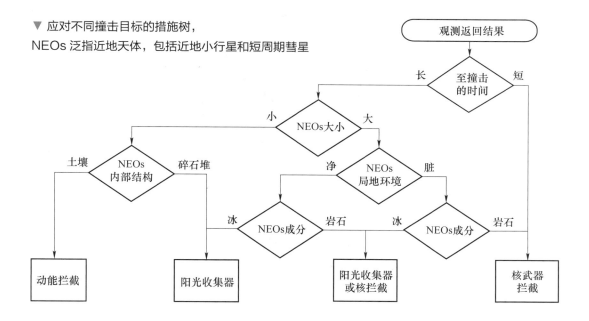

引、太阳帆及质量投射器等，速度缓慢，改变小行星轨道将需要很长的时间。

究竟采取何种方式，要根据撞击可能发生的时间、撞击者的大小、撞击者的轨道特征等多项参数，综合加以评估，从中选取最佳方式。

▶ 加强观测提前预报

提前获得近地天体的信息，是避免地球遭到撞击的基本保障。巡天观测的目的是确定近地天体的数量和分布，最好的方法是发射一颗空间巡天红外望远镜，其轨道与金星轨道类似。

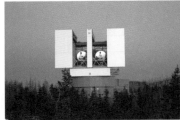

▲ 世界上最大的地面光学反射式望远镜，孔径大于 8 米

▲ 红外巡天望远镜

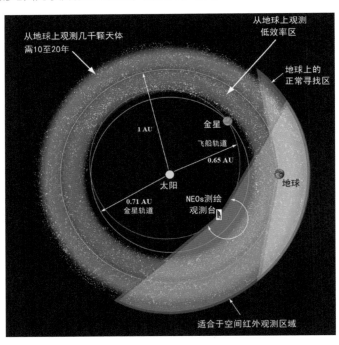

▲ 太空中空间红外巡天望远镜的轨道

▶ 动力撞击偏转轨道

用一艘特制的探测器撞击小行星，通过动量转移的原理偏转小行星轨道。

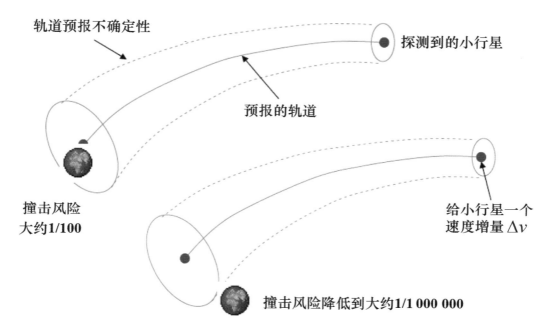

▲ 撞击偏转对于降低撞击概率的作用

　　2005 年 7 月 4 日，美国发射的"深度撞击"探测器成功地撞击了坦普尔 1 号彗星。撞击器的质量是 370 千克，产生的动能为 19GJ(GJ=10^9J)，J 是能量单位焦耳，19GJ 等效于 4.8 吨 TNT 爆炸所释放的能量。这次撞击使坦普尔 1 号彗星轨道速度的变化为 0.0001 毫米/秒，使其近日距减少了 10 米。由这组数据可以看出，撞击对天体的轨道是有影响的，影响的程度取决于二者的相对大小和相对速度。坦普尔 1 号彗星的质量约为（7.2~7.9）×10^{13} 千克，与撞击器的 390 千克相比，相差悬殊。

　　根据一些学者的计算，将一颗具有潜在危险的小行星推到安全轨道所要达到的速度变量并不是很大，根据经验公式，如果到潜在撞击发生时的年数为 3.5 年，则速度变量只需 1 毫米/秒。

　　动力撞击偏转轨道的方法是人类目前已经掌握的技术，当前需解决的问题

是深入掌握撞击对小行星轨道的效应，对撞击器大小、速度、撞击方向以及如何选择撞击位置进行深入研究。

目前，欧洲空间局（ESA）与美国宇航局（NASA）正在合作一项动力撞击偏转轨道的研究项目。该项目由两部分构成，一个叫"双小行星再定向测试"（DART），由NASA负责；另一个叫赫拉（Hera）探测器，由ESA负责。在整个任务中，DART的任务是撞击目标小行星。赫拉的主要目标是充分验证行星防御的动力撞击器法，同时还要深入观测小行星的一些特性。为了获得小行星的质量和DART撞击的效果，赫拉将对这两颗小行星的相关属性进行近距离探测，包括其表面特征、孔隙度、内部结构和轨道位移。同时还要观测这次撞击可能产生的对触发小行星表面的所有影响，如由此产生的喷出物、大规模开裂、雪崩和粒状流等。撞击目标是双小行星系统中小的一颗，该系统称为迪蒂莫斯（65803 Didymos），大的小行星直径约800米，小的直径约150米。

DART航天器的质量为300千克，将以每秒6.25千米的速度撞击目标，预计目标小行星速度的变量大约在0.4毫米/秒，对系统的日心轨道只能产生很小的变化。DART和Hera计划于2021和2024年发射。

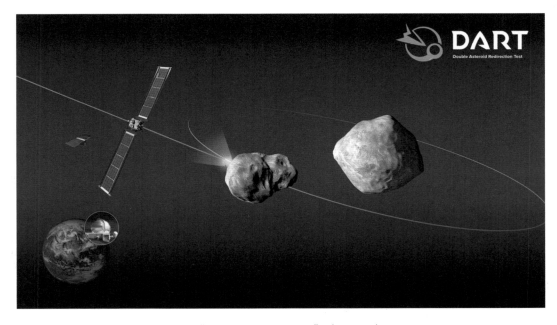

▲ "双小行星再定向测试"（DART）

▶ 安装火箭主动变轨

在小行星表面安装多个火箭发动机，靠发动机的推力改变小行星轨道。

▶ 阳光之帆缓慢助推

利用太阳光子撞击到帆上所产生的动量变化，给帆施加

▲ 用火箭发动机改变小行星轨道

一个小但是一直存在的力，使帆不断地加速。可在目标小行星上安装太阳帆，一次改变小行星轨道。

▼ 典型的太阳帆

▶ 伴飞飞船引力牵引

引力牵引器是飞船利用引力作为拖绳，缓慢地改变小行星轨道的方法。

▲ 引力牵引器

▶ 附近实施核弹爆炸

在小行星附近进行爆炸，通过爆炸所产生的巨大冲击波改变小行星的轨道。

▲ 用核爆炸偏转小行星轨道

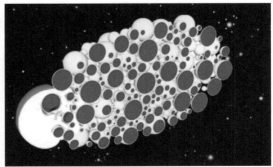

▲ 模拟小行星糸川在核爆炸后的状态
来自核爆炸点的冲击波（红色和白色）向外传播，小行星糸川被描绘成直径为 4.5 米到 45 米随机分布的岩石

▶ 天体内部爆炸核弹

从小行星表面的撞击坑中将核武器送入，在小行星内部发生核爆炸，将小行星炸为百万颗碎片。

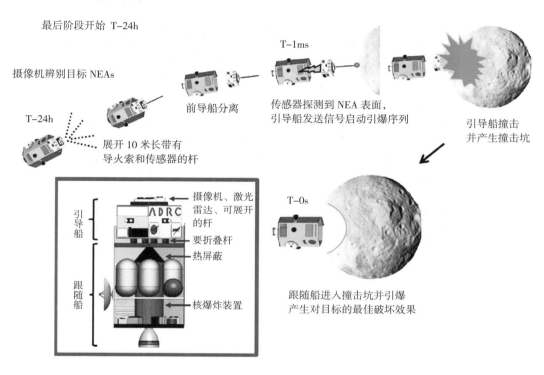

最后阶段开始 T–24h

摄像机辨别目标 NEAs

T–24h

展开 10 米长带有导火索和传感器的杆

前导船分离

T–1ms

传感器探测到 NEA 表面，引导船发送信号启动引爆序列

引导船撞击并产生撞击坑

引导船
摄像机、激光雷达、可展开的杆
要折叠杆
热屏蔽
跟随船
核爆炸装置

T–0s

跟随船进入撞击坑并引爆产生对目标的最佳破坏效果

▲ 在小行星表面实施核爆炸

▶ 天体表面质量投射

用多颗着陆器与危险小行星交会与接触，并在表面进行钻探，用质量投射器将挖掘出的物质高速抛出。

▶ 多个质量投射器

▶ 强大激光进行烧蚀

用强大激光束照射小行星表面，使表面物质汽化飞离，使小行星发生动量变化，从而导致轨道的变化。

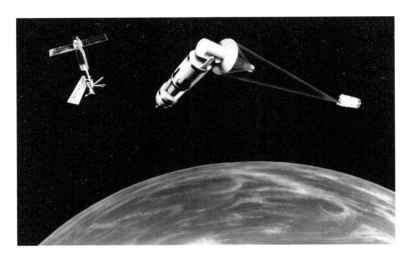

▲ 美国战略防御初始概念

▶ 增强"亚尔科夫斯基"效应

前面介绍过"亚尔科夫斯基"效应，我们要想方设法扩大它，以便有效地偏转对地球有潜在危险的小行星的轨道。

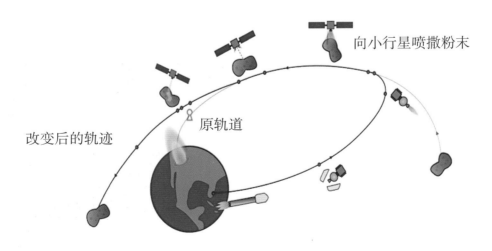

向小行星喷撒粉末

改变后的轨迹

原轨道

▲ 通过增强"亚尔科夫斯基"效应改变小行星轨道

知识总结

写一写你的收获

第 4 章

小行星资源

小行星数量这么多，构成它们的物质也千奇百怪。

会不会有哪一颗小行星是金子做的呢？

会不会有哪一颗也像我们的地球一样，有着丰富的水呢？

这一章，告诉你人类怎样把小行星"装进口袋"。

 # 小行星有哪些资源？

就在探索火星的科幻大片《火星救援》热播的时候，2015 年 11 月 25 日，奥巴马签署通过了《美国商业太空发射竞争法案》，使得商业开采太空资源和进行商业用途成为可能。

当地球上的资源被耗尽时，人类可以去其他小行星上采矿来补充吗？这听起来很像科幻小说里的内容，到目前为止，还没有人在其他小行星上开采出有价值的矿物资源。但如果有人想要这样做，也有法律架构为此保驾护航。在技术条件成熟时，人类或将迎来前所未有的太空开发高潮。

奥巴马签署的这份法案涉及太空探索的方方面面，包括美国承诺在未来 10 年将加强对国际空间站（ISS）的投资，将国际空间站的寿命从 2020 年延长至 2024 年，确保相关商业计划和科学实验正常进行。

该法案的最大亮点是取消对太空创业公司的许多限制，以及赋予太空采矿合法性。

根据该法案，美国任何公民都有权将其发现的太空资源带回地球。虽然其他小行星不可能归属于哪个国家或哪个企业，但如果哪家企业在上面开采出有价值的矿物质，则这些财产就归属于该企业。

该法案称："美国任何参与小行星或太空资源商业复苏计划的公民都有权获得小行星或太空上的任何资源，包括根据适用法律获得拥有、运输、使用或销售小行星或太空上任何资源的权利。"

该法案指出："美国公民有权从事商业勘探及参与不受负面干扰的空间资源商业复苏计划。"

不过法案也明确规定"只有没有生物存在的小行星才属于商业开采的范畴"，"如果商业探查队伍在小行星上发现了生物，哪怕是微生物，都不能利用它们来为自己牟利。否则将受到严厉处罚"。

除了允许私人企业开采太空矿藏外，法案还延长了所谓的"学习期"，明确反对私人太空旅游公司让付费游客"自己承担风险"，同时规定除非有重大事故

发生，否则美国联邦航空管理局（FAA）不允许干涉私人太空旅游行业。

在过去，美国航天事业所取得的最大的进展之一就是让私人企业进入到航天领域。该类型的企业并不只有 Space X，还有 Blue Origin、Virgin Galactic 等，同时还有更多我们没听说过名字的企业也在试图利用太空资源挣钱。

包括行星资源开发公司（Planetary Resources）在内的太空采矿拥护者高度赞扬了新法案的通过，联合创始人埃里克·安德森（Eric Anderson）发文称："许多年后，当我们回首这一天我们会看到法案的通过是历史上多么关键的一步，它开启了人类文明传播到地球以外的伟大进程。"

不过，这一有利于美国航天经济并且得到两党支持的法案却可能和联合国"太空宪法"相违背。

1966 年 12 月 19 日，联合国大会通过的《外层空间条约》规定，任何国家不能将太空的任何部分据为己有，所有国家必须将外层空间用于和平用途。

外层空间，也称宇宙空间，指地球大气层以外的空间。1967 年 1 月 27 日，《外层空间条约》在伦敦、莫斯科和华盛顿三地开放供签署，同年 10 月 10 日生效，无限期有效。中国于 1983 年 12 月 30 日加入该条约。至 1990 年 1 月，已有 93 个国家获批加入。它是 1963 年联合国大会通过的《各国探索与利用外层空间活动的法律原则的宣言》的补充和发展，故又被称为"外层空间宪章"，是有关外层空间的基本法和关于外层空间的第一个成文法，它确立的有关外层空间活动的原则对于各国和平探索和利用外空活动有一定指导意义，有助于限制外层空间的军备竞赛。

《外层空间条约》规定了从事航天活动所应遵守的 10 项基本原则，包括：探索和利用外层空间应为所有国家谋福利，而无论其经济或科学发展的程度如何；各国应在平等的基础上，根据国际法自由地探索和利用外层空间，自由进入天体的一切区域；不得通过提出主权要求，使用、占领或以其他任何方式把外层空间据为己有等。

媒体称，美国是《外层空间条约》签署国之一，却鼓励美国的商业太空企业在月球或其他行星上"宣称领地"。

▶ 资源存在有根据

从前面的介绍中我们已经知道，小行星的数量是巨大的，估计在几千万颗左右。但目前人类就近观测的小行星数量少得可怜，只有十几颗。那我们凭什么说小行星上有资源呢？

事实上，我们现在确实不能详细了解小行星资源分布情况，只是根据少量的观测数据以及落到地球上陨石的成分，对小行星成分和资源作出初步的判断。在第一章"为何关注小行星？"中，我们已经根据小行星的类型，初步分析了小行星可能存在的资源情况。现在我们再利用陨石成分的数据，进一步判断小行星的成分。在此之前，我们先介绍几个名词。

当小行星在太空飞行时，有时会与其他小行星碰撞，形成许多围绕太阳运行的小颗粒和碎片，称为流星体（meteoroid），它们包括从大于分子的微尘到小于小行星的各种小物体，大小从百分之几微米到十几米，质量从 1×10^{-16} 克到 1×10^8 克，甚至更大。实际上，流星体与很小的小行星或彗星之间没有严格界限。90% 以上的流星体是 1 毫米以下的微尘，常称为微流星体或行星际尘埃。

流星（meteor）是以高速闯入地球大气，与大气分子发生剧烈的碰撞和摩擦而产生明亮的光辉和余迹的流星体。流星一般出现在离地面高度 80~120 千米的高空，绝大多数流星体相对地球的速度介于 11 千米/秒 ~72 千米/秒之间，巨大的动能使它们远在到达低层大气之前就已被烧毁、汽化，只有少数原来质量很大的流星体才有可能有残骸落地而成为陨石（meteorite）。通常情况下，一夜内肉眼可见的流星在 10 颗左右，用望远镜或雷达能观测到许许多多暗的流星。流星的数目是十分惊人的，由射电观测得知，白天同样有万千流星，但总的说来，0~12 时的流星多于 12~24 时的，秋季多于春季。估计每天约有数十亿甚至上百亿颗流星体进入地球大气，它们总质量可达 100 吨。

根据本身所含的化学成分的不同，陨石大致可分为三种类型：铁陨石，也叫陨铁，它的主要成分是铁和镍，其中铁占 91%，镍占 8.5%；石铁陨石，也叫陨铁石，这类陨石较少，其中铁镍与硅酸盐大致各占一半；石陨石，也叫陨石，主要成分是氧（36%）、铁（26%）、硅（18%）、锰（14%）、铝（1.5%）、镍（1.4%）和钙（1.3%），这种陨石的数目最多。

▲ 流星

▶ 小行星资源类型

目前已经确认的小行星资源包括以下几类：

1 │ 金属资源

从前一节的分析中我们可以得出结论，整体上来看，小行星中的金属资源还是比较丰富的，特别是在 M 型小行星中。根据陨石和部分小行星成分的数据，M 型小行星中铁含量为 88%，镍含量为 10%。S 型小行星，铁含量为 6%~19%，镍含量为 1%~2%，氧化铁占 10%，氧化锰占 24%，三氧化二铝占 2.1%。C 型小行星中金属含量最高可达 30%。

此外还有贵金属资源，包括钌、铑、钯、银、铼、锇、铱、铂和金。

▲ 各种各样的陨石

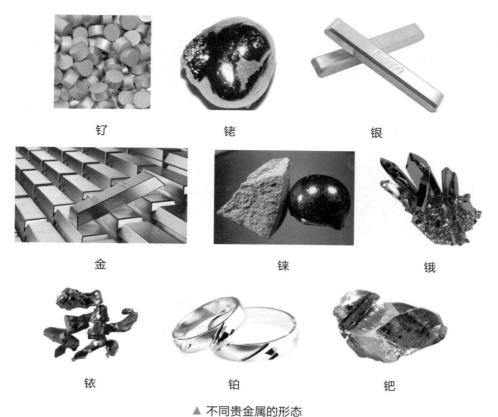

钌   铑   银

金   铼   锇

铱   铂   钯

▲ 不同贵金属的形态

2 ｜ 挥发性物质资源

C 类小行星含有丰富的挥发性物质资源，这些资源及其用途是：

（1）生命保障：水、氮气和氧气。

（2）作为火箭的推进剂：氢气、氧气、甲烷和甲醇。

（3）氧化剂：过氧化氢。

（4）农业：二氧化碳、氢氧化氨和氨。

（5）制冷剂：二氧化硫。

（6）冶金：一氧化碳、硫化氢、金属羰基化合物、五羰基铁、硫酸和三氧化硫。

3 ｜ 半导体资源

主要的半导体资源有：磷、镓、锗、砷、硒、铟、锑和碲。

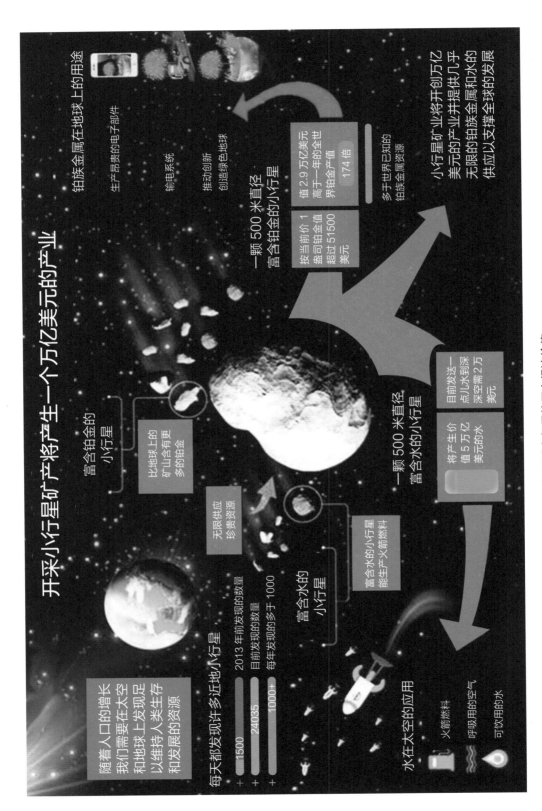

开采小行星矿产将产生一个万亿美元的产业

随着人口的增长我们需要在太空和地球上发现足以维持人类生存和发展的资源

每天都发现许多近地小行星

+ 1500 2013 年前发现的数量
+ 24035 目前发现的数量
+ 1000+ 每年发现的多于 1000

富含铂金的小行星

比地球上的矿山含有更多的铂金

无限供应珍贵资源

富含水的小行星

富含水的小行星能生产火箭燃料

水在太空的应用
- 火箭燃料
- 呼吸用的空气
- 可饮用的水

铂族金属在地球上的用途
- 生产昂贵的电子部件
- 输电系统
- 推动创新创造绿色地球

一颗 500 米直径富含铂金的小行星

按当前价 1 盎司铂金值超过 51500 美元

值 2.9 万亿美元高于一年的全世界铂产值 174 倍

多于世界已知的铂族金属资源

一颗 500 米直径富含水的小行星

目前发送一点儿水到深空需 2 万美元

将产生价值 5 万亿美元的水

小行星矿业将开创万亿美元的产业并提供几乎无限的铂族金属和水的供应以支撑全球的发展

▲ 开采小行星的巨大经济价值

▲ 每颗小行星都是一座飞行的大山

▶ 开采价值先判断

矿物丰度

在地球上采矿，我们经常听到"矿山"这个词，意思是说，许多矿物都蕴藏在大山内。但不是说所有大山都含有矿物，更不必说富矿。每颗小行星就是一座飞行的大山，在这些大山中，有的蕴藏丰富的矿物，有的几乎没有什么矿物。又由于小行星距离地球遥远，对于同样的矿物资源，在小行星上开发的成本要比在地球上高得多。因此，我们更应慎重选择目标，详细考察其矿物含量。

为了确定一颗小行星真实的矿物含量，考察过程需要三个阶段。

1

第一阶段，在地面使用光学望远镜、红外望远镜以及雷达等设备，对小行星进行长期观测，特别是要抓住小行星飞越地球的机会。通过这些观测，弄清小行星的类型、轨道特征、基本物理参数。为了确认该小行星是否有较丰富的资源，地面观测一定要配备高灵敏度、高谱分辨率红外光谱仪，这是确定矿物成分最合适的遥感测量仪器。

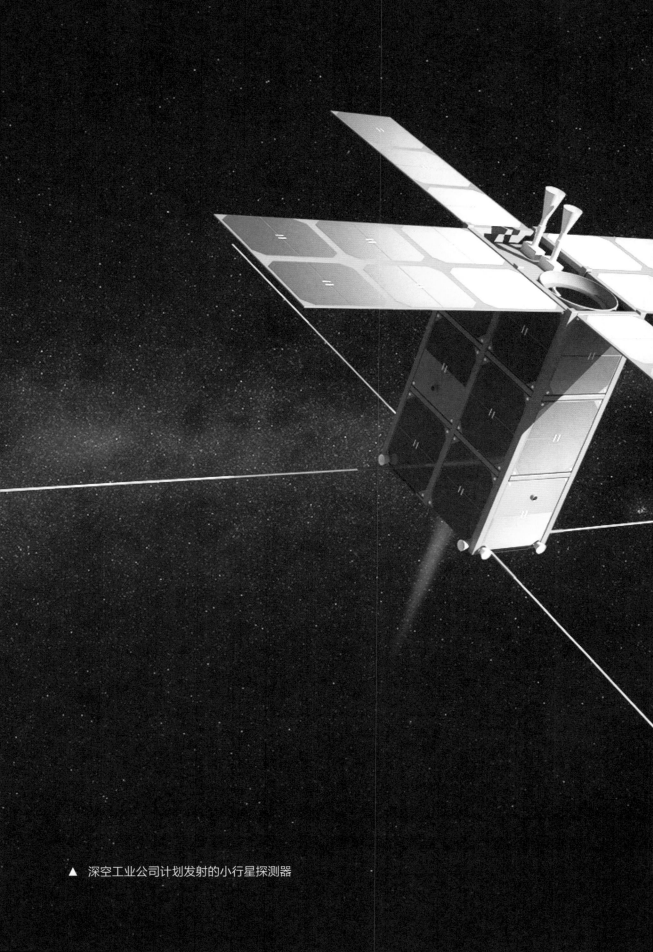

▲ 深空工业公司计划发射的小行星探测器

第二阶段，发射探测器，对待选小行星进行就近观测。

在第一阶段工作的基础上，可以初选一些目标，通过探测器就近测量，进一步对其矿物含量进行确认。地面测量的优点是观测时间长，成本低，但由于存在大气层窗口的限制，只能在有限的谱段进行观测。另外，由于距离比较大，观测精度不高。因此，对初选的目标一定要就近测量。

就近测量，可以是飞越探测，也可以是环绕探测，理想情况是环绕探测，因为这样可以探测很长的时间，可以基本上实现全球覆盖。

从有效载荷的角度看，除了要携带可见光摄像机和红外光谱仪外，还应携带 X 射线和伽马射线谱仪，用这些仪器测量小行星表面的元素丰度。通过这类就近测量，不仅能进一步了解小行星矿物含量，还可以了解矿物在表面的分布情况。

日本的"隼鸟2号"在小行星表面示意图

第三阶段，着陆探测。

在第二阶段工作的基础上，待选目标的范围可以进一步缩小，第三阶段的任务就是对待选目标进行更深入的考察。

着陆器可以使用直接探测仪器对小行星有关参数进行测量，精度一般要比遥感测量的高；此外，还可以进行钻探取样测量，了解某些矿物含量随深度的分布。

着陆器在着陆之前，一般都要经过环绕探测的阶段，以便选择着陆点。在这个过程中，由于轨道高度比较低，可以对小行星进行高精度的遥感测量。

经过这三个阶段的勘察，基本上可以确定小行星的矿物含量，确定是否具有开采价值。

▶ 开发成本细考虑

对于开发小行星资源来说，主要成本在于运输，包括探测器的发射与返回、开采设备的运输以及将开采的矿物送回地球的费用。为了节省费用，降低开发成本，在选择开发对象时，首先要选择近地小行星。

近地小行星的轨道参数相差也很大，发射成本比较低的是 Δv 比较小的。所谓 Δv，是指探测器从环绕地球的低轨道转移到与目标小行星交会的轨道所需要的速度增量。这个速度增量与小行星轨道的半长轴、偏心率和轨道倾角有关。NASA 所属的喷气与推进实验室（JPL）网站给出了近地小行星的 Δv 值。下图中给出小行星数量随 Δv 的分布。

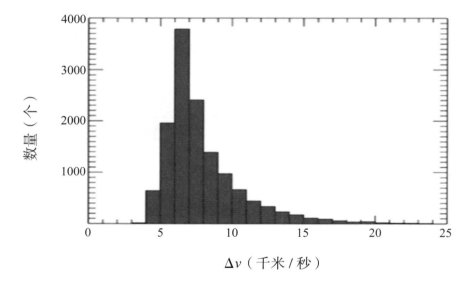

▲ 小行星数量随 Δv 的分布

计划与行动

▶ 光学采矿新方法

光学采矿是 NASA 的一个创新项目，是"小行星资源就地采集"（APIS）计划的一部分。其目标是从含水冰的小行星中提取水，然后运输到月球轨道，作为探索月球、小行星和火星的资源。因为分解水，就可以获得氢气和氧气，这是推进剂和航天员生命保障系统的重要物质。

光学采矿的基本思想是利用可充气的大型装置，将阳光聚焦在小行星的表面，产生巨大的热量，足以使小行星中的挥发性物质分离，然后利用特殊的装置收集水和气体，并滤掉尘埃。

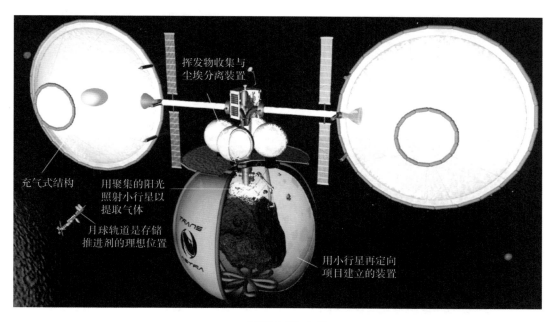

挥发物收集与
尘埃分离装置

充气式结构

用聚集的阳光
照射小行星以
提取气体

月球轨道是存储
推进剂的理想位置

用小行星再定向
项目建立的装置

▲ 光学采矿示意图

▶ 抓取整个小行星或其中的一部分

对于富含贵金属或水冰而体积又较小的小行星，可以直接采取用机器人抓取的方法，将其送入环绕月球轨道，再派航天员或机器人对其进行处理。美国的这个计划被称为"小行星再定向"。目前还没有选定具体的目标，但一般限制在直径 10 米以下的小行星。

▲ 抓取小行星表面的一块大石头

▲ 将小行星装入袋内转移

▶ 资源公司定计划

行星资源公司（Planetary Resources, Inc.）于 2012 年在美国西北部城市西雅图成立，其长远目标是发展机器人小行星采矿工业。为此，公司制定了长远的战略规划，第一步是使用在地球轨道上的专用卫星，对近地小行星进行调查和分析以寻找最佳的潜在目标。第一颗卫星 Arkyd 3 Reflight（A3R）已经在 2015 年发射。

第二步是计划发射探测器到选定的小行星，对其表面进行测绘，并且对表面进行深度扫描、采样与分析或者取样返回。行星资源公司表示可能需要花 10 年的时间以完成确定商业开采的最佳目标。

第三步，计划建立完整的机器人自动化小行星采矿和加工业务，并将产品送到任何有需要的地方。除了工业的提炼和太空或地球上用的贵金属以外，他们也计划生产水作为太空中的火箭燃料补给之用。

▲ 行星资源公司的三步走

▶ 深空公司见行动

深空工业公司（Deep Space Industries, DSI）是一家美国私营公司，主要业务是开发和利用小行星资源，发展太空经济。

DSI 计划发射的第一颗卫星是重量只有 25 千克的"萤火虫"（Firefly），其任务是对目标小行星进行矿物成分观测。第二颗卫星叫"蜻蜓"（Dragonfly），其任务是将大约 150 千克的小行星物质带回地球。第三颗卫星称为"旗舰"（Mothership），能将 10 余颗纳卫星带到地球轨道之外，旗舰的任务是为这些纳卫星提供通信中继。

▲ 萤火虫卫星

▲ 蜻蜓卫星取样及返回

▲ 燃料处理飞船

▲ 收获者飞船

▲ 小行星采矿措施

 # 典型小行星介绍

▶ 亿吨铂金价值高

北京时间 2015 年 7 月 19 日，近地小行星 2011 UW158 在距离地球 250 万千米远飞越。科学家估计，它的核心含有 1 亿吨铂金，价值高达 5 万亿美元。

根据雷达观测的数据，这颗小行星的尺寸是 600 米 ×300 米，自转速度很快，自转周期大约 45 分钟。预计下次以这么近的距离飞越地球将发生在 2108 年。

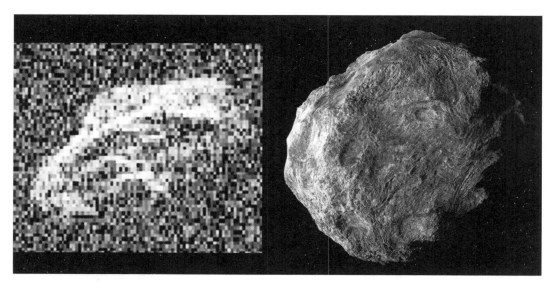

▲ 小行星 2011 UW158
左图是雷达成像，右图是想象图

▶ 体积巨大灵神星

灵神星（16 Psyche）是一颗巨大的小行星，尺寸为 240 千米 ×185 千米 × 145 千米，很有可能是最大的 M 型小行星，质量估计占所有小行星带天体的 0.6%。

雷达观测显示灵神星是完全纯粹由铁与镍所构成的。灵神星似乎是一个更大天体裸露的金属核心。与其他 M 型小行星不同，灵神星在表面并没有水或含水矿物存在的迹象，与它是金属天体的推测相符合。

因为灵神星的体积大到足够可以计算出它对其他小行星的摄动，所以也可以计算出灵神星的质量。它的密度相对于金属而言是比较低的（此特点对这类小行星而言是比较普遍的），这显示出灵神星有较高的多孔性，达到30%~40%，表示它很可能是一个巨大的砾石堆。

灵神星拥有相当规则的表面，它大约是个椭球体。灵神星轨道的远日距为3.328AU，近日距为 2.513AU，轨道倾角为 3.095°。

NASA 计划未来对这颗含有金属核的小行星进行探测，下图是用于探测灵神星的探测器。

▲ NASA 的灵神星探测器

▶ 潜在价值它最高

根据现在的观测数据，认为潜在利用价值最高的小行星是 1903 LU，估计值为 26993228.43 万亿美元。其直径为 326.06 千米，远日距为 3.7563AU，

近日距为 2.5705AU，轨道倾角是 15.9457°，轨道周期为 2055.115 天，自转周期为 5.131 小时。

下图是由地面雷达观测获得的 1903LU 图像序列。从小行星的北极上面看，小行星逆时针自转，图形从左至右。

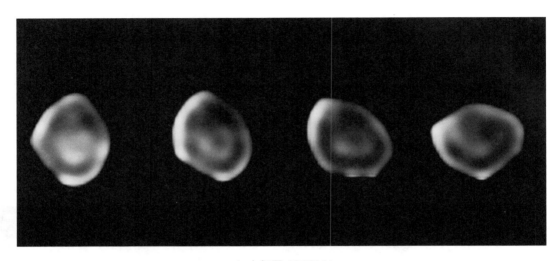

▲ 小行星 1903LU

知识总结

写一写你的收获

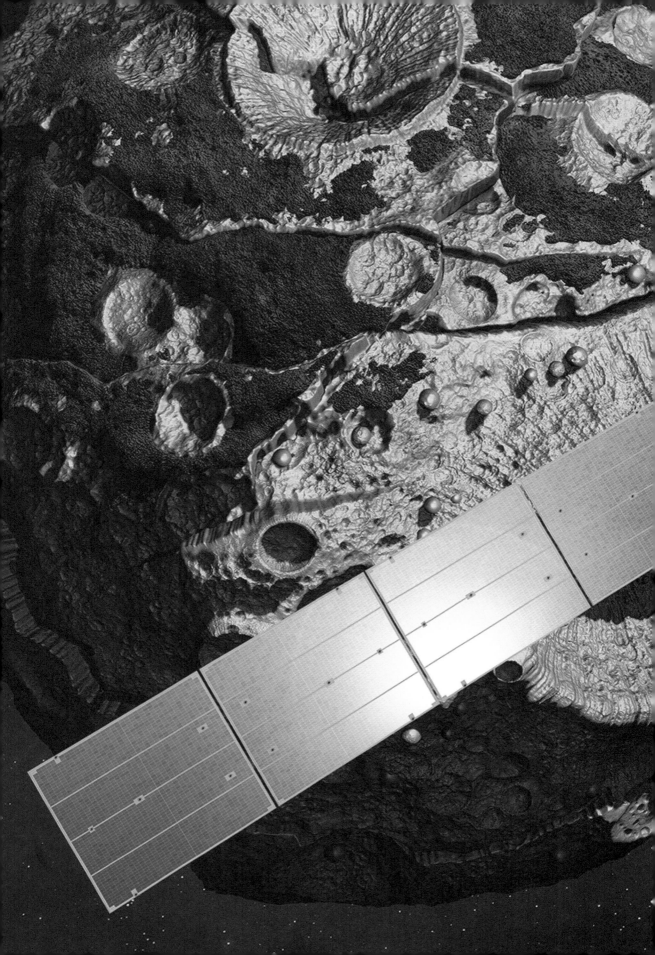

第 5 章

小行星**探测**

小行星如此神秘，我们人类从未停止过探索它们的脚步。

那么，人类曾经探索过哪些小行星呢？

未来，科学家们将要探索哪些小行星呢？

这一章，我们来谈谈小行星探索的过去和未来。

▲ "灵神星"探测器

 # 人类探索小行星的脚印

▶ 从"顺便看"到取样返回

进入太空时代以后，人类开始用各种航天器观测小行星，1991 年第一次从近处对小行星进行拍照，后来陆续拍摄了小行星的图像。但在 20 世纪 90 年代，用航天器观测小行星都是"顺访"，即主要目标并不是小行星，而是在执行其他观测任务时，顺便对靠近的小行星进行探测。第一颗专门用于小行星探测的航天器是尼尔－舒马克，1996 年 2 月 17 日发射，目标是爱神小行星（433 Eros）；日本于 2003 年 5 月 9 日发射了"隼鸟"探测器，并实现了对小行星的取样返回。下图描述了人类探索小行星的脚印，也显示了计划发射的小行星探测器。

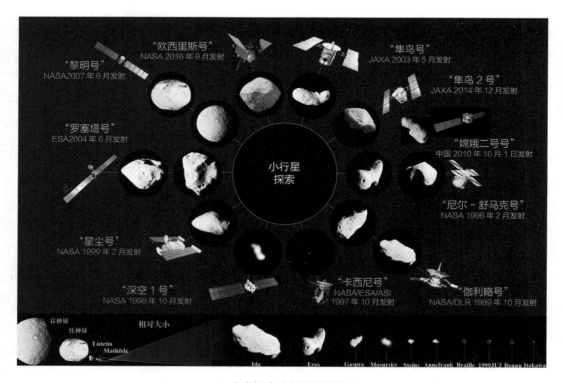

▲ 人类探索小行星的脚印

▶ 第一次与小行星相遇

"伽利略号"探测器在飞往木星的途中，于 1991 年 10 月 21 日在距离小行星 Gaspra 1600 千米处飞越，拍摄了一些图像，最高分辨率为 54 米，这是人类的航天器第一次近距离飞越小行星。下图左为"伽利略号"探测器的飞行轨道以及与 Gaspra 相遇的位置，右图为"伽利略号"拍摄的 Gaspra 图像。

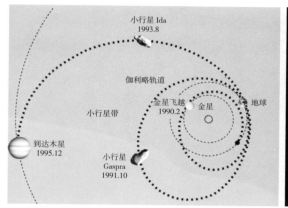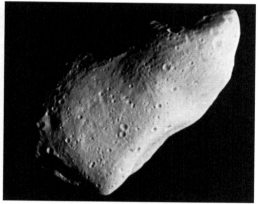

▲ "伽利略号"飞行轨道及拍摄的 Gaspra 图像

小行星 Gaspra 是一颗 S 型主带小行星，形状很不规则，其尺寸为 18.2 千米 ×10.5 千米 ×8.8 千米，"伽利略号"拍摄的图像覆盖了其表面 80% 的面积。被阳光照射的部分从左下到右上大约 18 千米。北极位于左上；Gaspra 逆时针自转，周期约为 7 小时。在右下临边有一个大的凹状结构，尺寸大约 6 千米；在中心偏左日夜分界线处有一个突出的陨石坑，直径约 1.5 千米。Gaspra 表面最显著的特征是大量的小陨石坑，从图像中能看到的只是 100~500 米大小的。小陨石坑之多在以前研究的小天体中是没有见过的。Gaspra 极不规则的形状说明它可能是由大天体的灾变性撞击产生的。

在 1993 年 8 月，"伽利略号"探测器还与小行星 Ida 相遇，这是人类发现的第一颗带有卫星的小行星。

▶ 首次相遇近地小行星

NASA 的"深空 1 号"任务是为了验证一些新技术，其中之一是让其飞越近地小行星 9969 Braille。1999 年 7 月 28 日，"深空 1 号"在距离该小行星表面 26 千米处成功地飞越，并获得了 9969 Braille 的一些表面图像。还测量了这颗小行星的基本物理特征和矿物成分以及大小、形状和亮度。

▲ "深空 1 号"与小行星 9969 Braille 相遇

根据"深空 1 号"的观测结果，9969 Braille 小行星的形状是不规则的，其尺寸大约是 2.1 千米 ×1.0 千米 ×1.0 千米。

▶ 首次近地小行星幽会

1 | "尼尔号"探测器的目标

"尼尔—舒马克"是 NASA 发射的小行星探测器,这个探测器初始的名称是"近地小行星幽会"(NEAR),后来为了纪念天文学家尤金·舒马克(Eugene M. Shoemaker),在名称的后面加上了舒马克。为方便起见,我们将这颗探测器简称为"尼尔号"。"尼尔号"的主要任务是与爱神星(Eros)进行太空交会,并最终落到其表面,传回爱神星内部构造、组成、矿物学、质量分布及磁场等数据。次要目标则包括研究风化层的特性、小行星与太阳风的相互作用、小行星表面可能出现的地质活动(如尘埃或气体)及小行星的自转状态。

▲ "尼尔号"探测器

2 | "尼尔号"的轨道

"尼尔号"探测器于 1996 年 2 月 17 日发射,离开地球轨道后,进入第一部分的巡航阶段。大部分的巡航阶段处于最低限度的活动,即休眠状态。在 1997 年 6 月 27 日飞越直径 61 千米的小行星梅西尔德(Mathilde)的前几天结束休眠状态。

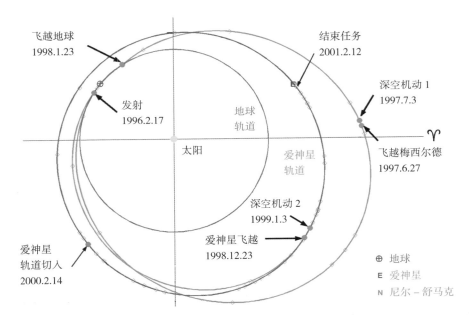

飞越地球
1998.1.23

发射
1996.2.17

结束任务
2001.2.12

深空机动 1
1997.7.3

飞越梅西尔德
1997.6.27

地球
轨道

太阳

爱神星
轨道

深空机动 2
1999.1.3

爱神星飞越
1998.12.23

爱神星
轨道切入
2000.2.14

⊕ 地球
E 爱神星
N 尼尔 – 舒马克

▲ "尼尔号"的轨道

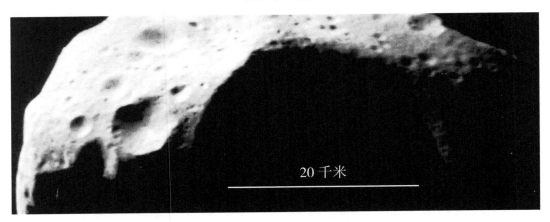

20 千米

▲ 梅西尔德小行星

　　"尼尔号"在 1997 年 7 月 3 日进行第一次主要的太空姿态调整，速度每秒减少 279 米，而近日点则从 0.99AU 降低至 0.95AU。地球的引力助推发生在 1998 年 1 月 23 日，当时"尼尔号"最接近地球，到地球表面的距离为 540 千米。这次引力助推将轨道倾角从 0.5° 增加到 10.2°，而远日点则从 2.17AU 降低为 1.77AU，与爱神星的轨道更匹配。

　　Eros 是古希腊的爱神，既然是与美丽的爱神幽会，科学家在紧张工作之余也不乏幽默，所以给探测器取的名字叫近地小行星幽会。与爱神幽会就该选

个良辰吉日，于是将幽会的时间定在 1999 年的情人节，即 2 月 14 日。但在 1998 年 12 月 20 日第一次机动点火时出现故障，"尼尔号"不能按时与爱神幽会，于是重新调整轨道，在 2000 年的情人节准时与爱神幽会，切入到 321 千米 ×366 千米的椭圆轨道。此后，轨道高度逐渐减小，到 7 月 14 日变为 35 千米的圆形极轨轨道。后来又进行了一系列的轨道机动后，于 2001 年 2 月 12 日安全在爱神小行星表面着陆。

3 | 成功的轨道切入

围绕爱神星的轨道切入发生在 2000 年 2 月 14 日世界时 15:33。交会机动是在 2 月 3 日世界时 17:00 完成的，这次机动使"尼尔号"对爱神星的速度由 19.3 米 / 秒降到 8.1 米 / 秒。另一次机动则发生在 2 月 8 日，将相对速度略微增加至 9.9 米 / 秒。"尼尔号"分别在 1 月 28 日、2 月 4 日与 2 月 9 日搜索爱神星的卫星，但是没有任何发现。这次寻找是基于科学上的目的，并减轻与任何一个卫星碰撞的可能。"尼尔号"在 2 月 14 日进入 321 千米 ×366 千米的绕行爱神星轨道。然后在 7 月 14 日缓慢进入 35 千米的圆形极轨。"尼尔号"在极轨上停留 10 天，然后在 2000 年 9 月 5 日回到 100 千米的轨道。10 月中旬的一次机动使"尼尔号"在 10 月 26 日世界时 7:00 在距离爱神星表面 5.3 千米的位置掠过。

4 | 环绕与着陆

在近距离飞越爱神星后，"尼尔号"移动到 200 千米的圆形轨道，接着将轨道从接近极地的顺行轨道移动到靠近赤道的逆行轨道。在 2000 年 12 月 13 日，"尼尔号"回到 35 千米的低圆形轨道。从 2001 年 1 月 24 日开始，"尼尔号"开始一系列的近距离（距表面 5~6 千米）飞掠爱神星，并在 1 月 28 日以 2~3 千米的距离通过该小行星。然后"尼尔号"在 2 月 12 日 20:01 UT 左右缓慢降落到爱神星南部一个鞍形特征的地区。令科学家感到惊喜的是，"尼尔号"在降落后仍未损坏，着陆速度估计为每秒 1.5~1.8 米（因此"尼尔号"成为第一个软着陆在小行星上的探测器）。在深空网络延伸天线接收到信号后，"尼尔号"的伽马射线光谱仪重新规划，以便从距离表面大约 4 英寸的高度搜集爱神星成分的数据，它的灵敏度增加的部分原因是探测器本身信噪比的增加。

在"尼尔号"关闭之前，科学家在 2001 年 2 月 28 日（美国东部时间）

晚上 7 时接收到它发出的最后一个资料信号。2002 年 12 月 10 日最后一次尝试与"尼尔号"通信联络没有成功,这可能是由于周围环境温度太低,只有 −173℃。

▶ "罗塞塔号"与小行星结缘

"罗塞塔号"(Rosetta)是欧洲空间局(ESA)于 2004 年 3 月 2 日发射的彗星探测器,其主要任务是研究 67P/ 楚留莫夫 – 格拉希门克彗星(67P/Churyumov-Gerasimenko),简称 67P/CG。"罗塞塔号"由轨道器和着陆器组成,轨道器携带了 12 个科学仪器,着陆器携带了 9 个仪器。

2008 年 9 月 5 日,"罗塞塔号"飞越一颗主带小行星 Steins,这是一颗 E 型小行星,尺寸为 6.67 千米 ×5.81 千米 ×4.47 千米,等效于平均直径 5.3 千米。飞越时距离小行星 800 千米,相对速度为 8.62 千米 / 秒。

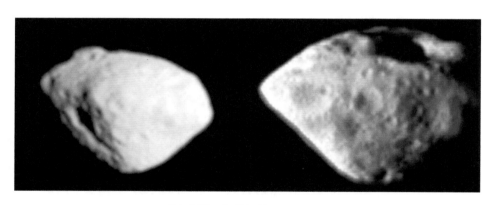

▲ "罗塞塔号"拍摄的 Steins 的图像

2010 年 3 月 16 日,观察到 P/2010 A2 小行星尘埃尾巴。结合哈勃空间望远镜的观察,就可以确认 P/2010 A2 不是一颗彗星,而是一颗小行星,并且该尘埃尾巴很可能是由一个较小的小行星撞击产生的尘埃而形成。

2010 年 7 月 10 日,"罗塞塔号"从距离小行星司琴星(21 Lutetia)表面 3170 千米高处飞越。司琴星是一颗大型的主带小行星,有着不寻常的光谱类型,测量得到的尺寸大约是 121 千米 ×101 千米 ×75 千米。司琴星可以依据译音称为鲁特西亚。

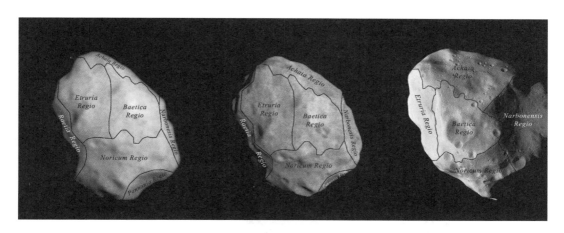

▲ 司琴星的图像

司琴星平均密度高，意味着它是由富含金属的岩石构成的。司琴星形状不规则，表面有许多陨石坑，最大的陨石坑直径达 45 千米。表面地质多样，由槽沟和悬崖系统贯穿，被认为是断裂带。

下图给出在"罗塞塔号"任务的不同阶段，上述两颗小行星及探测目标 67P/CG 彗星的轨道位置。

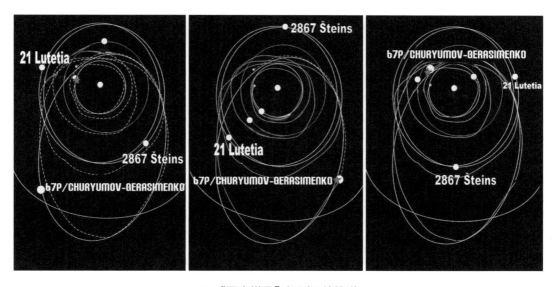

▲ "罗塞塔号"探测器的轨道

▶ "隼鸟号"实现取样返回

"隼鸟号"(Hayabusa)是日本宇宙航空研究开发机构(JAXA)的小行星探测计划,主要目的是将"隼鸟号"探测器送往小行星25143(糸川),并取样返回。"隼鸟号"最初的名字叫 MUSES-C(Mu Space Engineering Spacecraft C),其中的 Mu 是指日本的 Mu 系列运载火箭。"隼鸟号"于2003年5月9日发射,在2005年9月中旬到达糸川,研究了小行星的形状、自转、表面形态、成分和密度。2005年11月在小行星表面着陆,收集了样品,于2010年6月13日将样品返回地球。

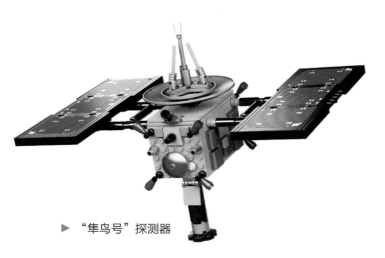

▶ "隼鸟号"探测器

"隼鸟号"的小行星之旅很不顺利,着陆时也是故障频发。在2003年10月末到11月初,一个大的太阳耀斑损毁了"隼鸟号"的太阳能电池,使电能减少,并降低了离子发动机的效率,使到达小行星的时间从2005年6月延迟到9月。

2005年7月31日,X 轴姿态控制装置出现故障无法使用,改由化学燃料辅助推进器与剩下两个姿势控制装置联合使用。

2005年11月12日,进行着陆预演,同时释放出刻有88万人名字的目标标定球和探测器 MINERVA,但皆失败,没有到达糸川小行星上。

2005年11月20日,第一次降落,但因为侦测到障碍物而自动停止,之后以每秒10厘米的速度再降落。期间因失去通信30分钟,当时地面站无法确定是否降落在糸川小行星上。由于降落时着陆终止模式无法解除,采集样本时用来撞起岩石碎片的子弹无法发射。但样品舱可能采集到着陆时地面扬起的灰尘。

2005年11月26日,第二次降落,着地后1秒即离开,地面站显示降落与采集样本的子弹发射,整个过程正常执行。燃料发生泄漏的现象,在关闭阀

门后停止。

2005 年 12 月 9 日，地面与探测器之间的通信中断。

"隼鸟号"原预计于 2007 年 6 月返回地球，但由于怀疑探测器的燃料泄漏，延后 3 年于 2010 年 6 月 13 日日本时间 22 时 51 分返回地球，本体于大气层烧毁，而内含样本的隔热胶囊与本体分离后在澳大利亚内陆着陆。

"隼鸟号"在宇宙中旅行了 7 年，穿越了约 60 亿千米的路程。这是人类第一次开展对地球有潜在危险的小行星进行物质取样的研究，也是第一次把小行星物质带回地球。

2011 年 3 月 10 日，日本宇宙航空研究开发机构的研究小组在美国得克萨斯州的月球与行星科学大会上，首次对外公布"隼鸟号"带回的微粒的初步分析结果。研究人员发现微粒中存在橄榄石、斜长石等岩石的大型结晶；研究人员认为，这些岩石可能曾经历高温。同时，他们还发现，微粒与地球上发现的一种陨石特征一致，而且微粒受热后产生的气体不具备地球物质特征。此外，

▼ "隼鸟号"在小行星糸川表面

在对岩石的检测中未检出有机物、碳元素等与生命有关的物质。

"隼鸟号"成功地取样返回，给日本宇宙航空研究开发机构带来极大的鼓舞，他们决定发射第二颗小行星取样返回探测器"隼鸟2号"，目标定为小行星"龙宫"（1999 JU3），"隼鸟2号"于2014年12月3日发射。

"隼鸟2号"探测器的整个构型与"隼鸟号"基本相同，用4个离子发动机推进，电源来自两个太阳能电池阵。两个高增益天线安装在探测器顶端，用Ku和X波段与地球通信。光谱仪和取样系统做了改进，更适合探测C型小行星，因为C型小行星的表面不同于"隼鸟号"探测的S型小行星，改变了光谱仪的观测波长。反作用轮和化学推进器也做了改进。天线从"隼鸟号"使用的旧型天线更换成平面天线。

"隼鸟2号"携带了由德国航天中心研制的小行星地表探测车，称为MASCOT（Mobile Asteroid Surface Scout）。MASCOT携带了红外光谱仪、磁强计、辐射计和一架照相机。这个着陆器能从小行星表面升起到另一个位置，以便进一步测量。

"隼鸟2号"还携带了小的便携式撞击器（Small Carry-on Impactor，SCI），这是一个小型下落爆炸成型的穿透器，由2.5千克的铜弹丸和4.5千克成型炸药构成。SCI从"隼鸟2号"下落，低的引力使"隼鸟2号"有足够的时间机动到小行星的背面。第二个仪器（可展开的摄像机，DCAM3）随后展开，这个摄像机将观测便携式撞击器的爆炸，爆炸将使铜穿透器以2千米/秒的速度撞击小行星。撞击产生的坑由仪器进一步观测。成型炸药由4.5千克的塑化奥克托今（HMX）和2.5千克铜衬构成。

奥克托今，也称奥克托金、奥托金，是现今军事上使用的综合性能最好的炸药，具有八元环的硝胺结构，化学名"环四亚甲基四硝胺"。HMX长期存在于乙酸酐法制得的黑索金（RDX）中，但是直到1941年才被发现并分离出来。HMX的撞击感度比TNT略高，容易起爆，安定性较好，但成本较高。通常用于高威力的导弹战斗部，也用作核武器的起爆装药和固体火箭推进剂的组分。

HMX被发现以后，各国专家提出了多种制备方法，目前较为常见的是由乙酸酐、多聚甲醛和硝酸铵存在下，用浓硝酸硝化乌洛托品得到。

"隼鸟2号"于2018年6月27日到达目标小行星"龙宫"（Ryugu）。

2018 年 10 月 3 日，"隼鸟 2 号"朝小行星"龙宫"表面投放小行星地表探测车（MASCOT），目的是收集小行星表面资料。2019 年 2 月 22 日，"隼鸟 2 号"成功登陆小行星"龙宫"。在 2019 年 4 月至 5 月间进行低高度观测和取样，2019 年 12 月离开小行星，2020 年 11 月至 12 月返回地球。

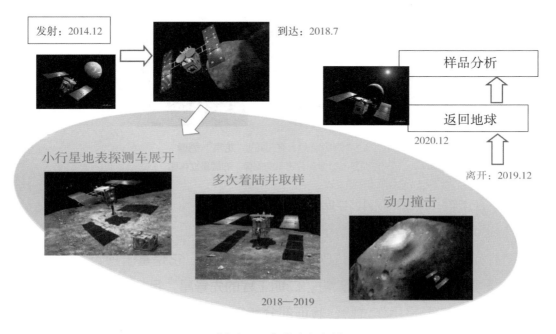

▲ "隼鸟 2 号"整个任务过程

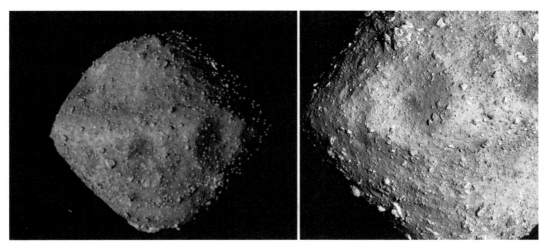

▲ "隼鸟 2 号"拍摄的"龙宫"表面
左图绿十字表示砾石，右图是距离表面 20 千米拍摄的表面图

▲ "隼鸟2号"拍摄的"龙宫"图像

左图是当时最高分辨率的图像，右图是立体图

▶ 中国首次探测小行星

"嫦娥二号"是中国的第二颗绕月人造航天器。它是基于探月工程一期的"嫦娥一号"备份星进行技术改进，二期工程的先导星，且命名为"嫦娥二号"。"嫦娥二号"主要是用作试验、验证部分新技术和新设备，降低以后工程的风险，同时深化月球科学探测。

"嫦娥二号"于2010年10月1日18时59分发射，11月2日进入环月长期运行轨道，之后分别在100千米×100千米的圆轨道和100千米×15千米的椭圆轨道进行了高分辨率成像和环月探测，完整获取了7米分辨率的月球表面三维影像数据，并完成了对"嫦娥三号"落月任务预选着陆区——虹湾局部区域的达到1.3米高分辨率的成像。

2011年4月1日，"嫦娥二号"到达设计寿命。为了积累深空探测经验，"嫦娥二号"于6月9日下午离开月球，前往距地球约150万千米远的日地拉格朗日L2点，对太阳实施探测，同时进行测控技术等试验。8月25日"嫦娥二号"进入日地拉格朗日L2点的环绕轨道。该轨道为类似椭圆形轨道，卫星环绕轨道1周需6个月时间。成功到达L2点后，"嫦娥二号"刷新了中国航天测控距离的纪录，也成为世界首个从月球直接前往日地拉格朗日点的航天器。

2012 年 4 月 15 日，"嫦娥二号"离开日地拉格朗日 L2 点前往有撞击地球危险的小行星图塔蒂斯进行探测。北京时间 2012 年 12 月 13 日 16 时 30 分 09 秒，"嫦娥二号"在距地球约 700 万千米远的深空掠过小行星图塔蒂斯，最近距离仅为 3.2 千米，飞掠时速高达 10.73 千

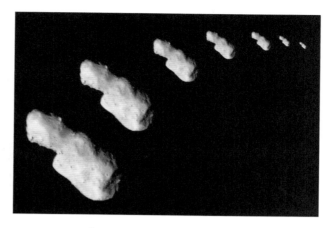

▲ "嫦娥二号"拍摄的图塔蒂斯图像

米 / 秒。这是中国第一次对小行星进行探测，中国也成为继美国、欧洲空间局和日本等国家或组织后，第四个对小行星实施探测的国家。

▶ "欧西里斯号"贝努取样

"欧西里斯"是美国正在执行的近地小行星取样返回探测计划。这个计划的英文全称是"ORIGINS · SPECTRAL INTERPRETATION · RESOURCE IDENTIFICATION · SECURITY · REGOLITH EXPLORER"，如果直译这个计划还挺绕嘴的，其中文意思是"起源·光谱解释·资源辨别·安全性·风化层探索者"。名称是长了一些，但确实把这次发射的科学目标都概括了。所谓民"起源"，就是通过分析小行星上的原始物质，研究行星的形成和生命的起源；"光谱解释"的含义是通过对目标小行星进行多光谱测量，获得小行星的整体特征；"资源辨别"的意思比较明确，因为可从光谱测量中直接获得矿物特征；"安全性"是指近地小行星具有撞击地球的潜在危险性，通过对"亚尔科夫斯基"效应的测量，今后可更准确

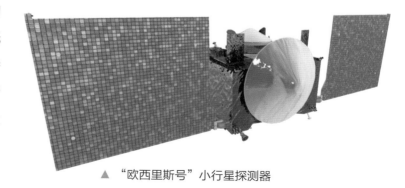

▲ "欧西里斯号"小行星探测器

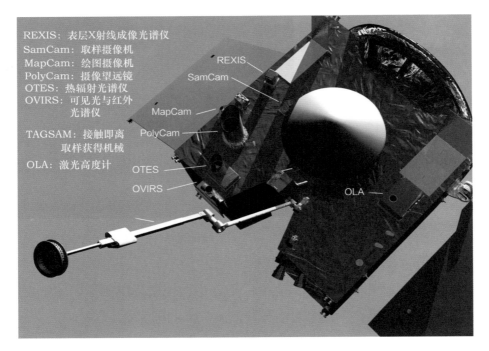

REXIS：表层X射线成像光谱仪
SamCam：取样摄像机
MapCam：绘图摄像机
PolyCam：摄像望远镜
OTES：热辐射光谱仪
OVIRS：可见光与红外
　　　　光谱仪
TAGSAM：接触即离
　　　　取样获得机械
OLA：激光高度计

▲ "欧西里斯号"有效载荷

地预报其轨道，避免撞击地球；最后一个词的含义就更清楚了，这也是本次探测
要实现的目标，就是从小行星表面取回不少于 60 克的风化层，或者说是碎片。
REGOLITH 用在月球上就是月壤，用在小行星表面可译成风化层、碎块、碎片等。

　　这个计划的英文缩写是 OSIRIS-REx，OSIRIS（欧西里斯）是埃及神话中的
冥王，九柱神之一，是古埃及最重要的神祇之一。REx 是风化层探索者的缩写。
因此，这个英文缩写的意思是"风化层探索者 – 欧西里斯"。

　　"欧西里斯号"于 2016 年 9 月 8 日发射，2018 年 8 月 17 日到达目标小
行星贝努（Bennu）。环绕贝努运行 505 天，对其进行全球表面成像观测，探
测器到表面的距离在 5 千米到 0.7 千米之间。然后采取"接触即离"的方式，
在小行星表面获取 60 克 ~2000 克样品，在 2023 年 9 月将样品返回地球。

　　贝努是 1999 年 9 月被发现的，当时的名称是 1999 RQ36。通过观测发
现，贝努每 6 年靠近地球一次，这样就提供了详细对其进行观测的机会。在
1999—2000 年、2005—2006 年以及 2011—2012 年间，贝努的亮度都很
高，"欧西里斯计划"研究团队成员对贝努的化学、物理和动力学特性进行了广
泛的测量，获得了丰富的数据。

贝努的平均直径为 492 米，赤道尺寸为 565 米 × 535 米，自转周期为 4.297 天。贝努轨道的近日距是 0.8969AU，远日距为 1.3559AU，轨道倾角为 6.0349°，轨道周期 436.6487 天。在 2175 至 2196 年间撞击地球的概率为两千七百分之一。

可见光与红外光谱测量的结果表明，贝努属于 B 类小行星。B 类小行星包含许多重要的、特殊的天体，如司理星（24 Themis）和主带彗星 133P/Elst-Pizarro。在谱的特征方面，贝努可与司理星比较，包括反照率、可见光谱和 1.1~1.45 微米之间的红外谱。对司理星光谱分析显示了在其表面有水冰和有机物的证据，这也说明，贝努可能有类似的成分。贝努的谱也与 133P/Elst-Pizarro 和其他主带 B 类小行星的类似。某些这类天体显示了周期性的彗星活动，表明它们含有近表面的挥发物，当在近日点附近时出现升华。贝努类似于这些天体，支持了贝努可能富含挥发性物质的猜想。

另外，根据雷达圆偏振比的测量以及斯皮策空间红外望远镜热红外的测量结果，再加上对小行星形状、密度和自转状态的地球物理学分析，证实贝努表面存在风化层。这对于采取何种取样方式是非常重要的信息。

NASA 在 2008 年选择探测目标时，已经发现 9000 多颗近地小行星，NASA 提出的选择条件是低偏心率和低轨道倾角，轨道近日点大于 0.8AU，远日点小于 1.6AU，符合这些条件的近地小行星只有 350 颗。

对于小行星的大小，NASA 提出直径应大于 200 米，这样，符合要求的近地小行星数量由 350 颗减少到 29 颗。

从科学价值的角度看，富含碳类的小行星含有有机分子、挥发物和氨基酸，在上述 29 颗候选小行星中，有 12 颗知道成分，而只有 5 颗是富含碳的。

小行星贝努是一颗对地球有潜在危险的小行星（PHAs），最小轨道交会距

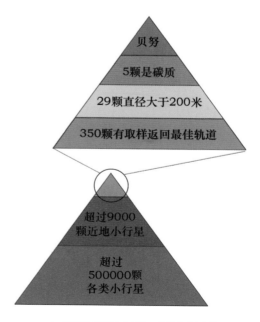

▲ 选择贝努为目标小行星的过程

离约 0.002AU，在 2182 年撞击地球的危险性目前排在第二位。从近地轨道到与贝努轨道交会的速度变量为 5.1 米 / 秒。综合大小、成分、轨道等多种因素，最后被选为探测目标。

"欧西里斯计划"的关键科学目标：

（1）从碳质小行星贝努表面取回足够量的风化层物质，用于研究小行星矿物和有机物的特性、历史和分布。

（2）对原始的碳质小行星的整体特征、化学特性和矿物学特性进行全球绘图，用于确定其地质特征和动力学历史特征。

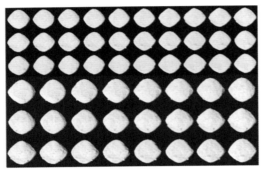

▲ 到达小行星附近后"欧西里斯号"拍摄的图像

（3）描述取样点实地风化层的质地、形态、地球化学和光谱特性，取样点的空间尺度到亚毫米。

（4）测量由非引力产生的轨道偏移，确定对潜在危险小行星的"亚尔科夫斯基"效应，并确定影响这种效应的小行星性质。

（5）确定原始碳质小行星的整体全球特征，以便与地基望远镜关于整个小行星浓度的数据直接比较。

接近小行星贝努后，"欧西里斯号"对小行星的观测分成以下阶段：2018 年 12 月 3 日切入贝努轨道，经过初步观测和详细观测，2019 年进行低轨道详细勘察，确定取样点，并进行取样操作演练，2020 年 7 月进行取样，2021 年 3 月开始返回，2023 年 9 月 24 日回到地球。

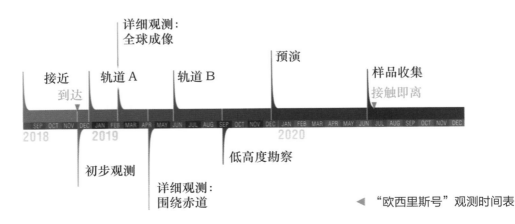

"欧西里斯号"观测时间表

 探索太阳系的黎明

▶ "黎明号"的双星之旅

1 | "黎明号"的轨道

美国的"黎明号"（Dawn）小行星探测器于 2007 年 9 月 27 日发射，2009 年 2 月 17 日飞越火星，并利用火星的引力助推作用，使探测器的轨道倾角变化了大约 3.5°。2011 年 5 月 3 日到达灶神星，7 月 16 日切入灶神星轨道。

2012 年 9 月 4 日，"黎明号"完成探测灶神星的使命，变轨奔向谷神星，于 2015 年 3 月 6 日到达谷神星。

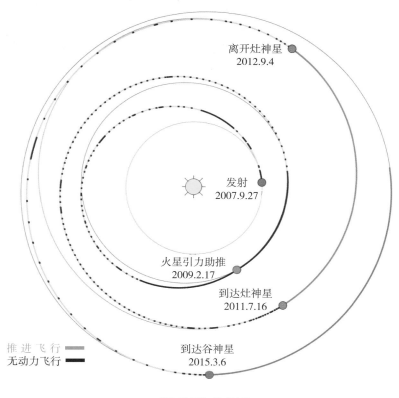

▲ "黎明号"的轨道

2 | 离子推进系统

离子推进的工作原理是先将气体电离，然后用电场力将带电的离子加速后喷出，以其反作用力推动火箭。

▲ "黎明号"探测器使用的离子推进系统

离子推进是目前已实用化的火箭技术中最为经济的一种，因为只要调整电场强度，就可以调整推力，由于比冲（单位重量的推进剂所产生的推力，单位一般用秒）远大于现有的其他推进技术，因此只需要少量的推进剂就可以达到很高的最终速度。

离子推进器的缺点是推力很小，目前的离子发动机只能吹得动一张纸，无法使探测器脱离地表，而且即使在太空中也需要很长的时间进行加速。离子推进器目前只能应用于真空的环境中。在经过很长时间的持续推进后，将会获得比化学推进快很多的速度，这使得它被用在远距离的航行中。

"黎明号"上安装了 3 个 30 厘米直径的氙离子推进器和 2 个巨大的太阳能板，双翼间距近 20 米，足以为它提供穿越太空的能量。推进器可以操作的输入功率在 0.5~2.3 千瓦范围内，产生的推力为 18.8~91.0 毫牛顿，比冲为

1740~3065 秒。

3 | 科学目标

不少科学家认为，小行星是处于萌芽期但未得到机会成长起来的"行星婴儿"。"黎明号"选择灶神星和谷神星进行探测，不仅仅是因为它们个头较大，而且还因为它们与小行星带里的其他天体存在显著差别。灶神星和谷神星都形成于大约 45 亿年前，据估计，它们都形成于太阳系早期，并且由于木星的强大引力作用而演化迟缓。研究人员希望比对观测这两个天体的演化过程。

灶神星是与地球类似的岩状天体，太阳系中距太阳较近的天体大多为这类天体。而谷神星则是典型的冰态天体，这类天体主要位于距太阳较远的轨道上。这两个极不相同的天体竟然可以位于同一个小行星带中，这是"黎明号"需要揭示的奥秘之一。

另外，利用"黎明号"上的同一套科学仪器探测两个不同目标，便于科学家将两套探测数据进行准确的对比分析，并根据它环绕灶神星和谷神星的运行轨道数据，对比测算这两个天体的引力场等参数。

"黎明号"的目的是了解在灶神星和谷神星形成和演变时的早期太阳系发生的过程。为了达到这个目的，"黎明号"探测这两个天体表面的特征和内部结构，并试图确定灶神星和谷神星什么时候和怎样形成的，外部和内部的力怎样形成了它们的形状。

在太阳系的最早时期，太阳星云物质随它们到太阳的距离而变化。当这个距离增加时，温度下降，类地天体在靠近太阳的地方形成，冰体在较远处形成。

灶神星是干燥的，表面是风化的，显示内太阳系岩石类天体的特征；与此对比，谷神星有原始的、含有水矿物的表面，可能有弱的大气层，似乎与外太阳系的许多冰月球类似。

通过用同一探测器和相同的仪器研究这两个不同的天体，"黎明号"希望比较不同的演变路径，并产生早期太阳系的整体图形。"黎明号"返回的数据可能使人们对太阳系形成的知识获得重要突破。

为了实现上述科学目标，"黎明号"携带了三种科学仪器：两个冗余的画幅式摄像机（FC）、可见光与红外测绘谱仪（VIR）、伽马射线和中子探测器（GRaND）。

▶ 环绕最亮的灶神星

2011 年 7 月 16 日，"黎明号"进入灶神星轨道，成为首个环绕小行星带小行星的探测器。然后轨道高度螺旋式下降，图中给出 3 个科学观测轨道：考察轨道的径向距离为 3000 千米（轨道高度为 2735 千米），轨道周期为 69 小时；高高度绘图轨道径向距离为 950 千米（轨道高度为 685 千米），轨道周期为 12.3 小时；低高度绘图轨道径向距离为 465 千米（轨道高度为 200 千米），轨道周期为 4 小时。2012 年 9 月 4 日，"黎明号"离开灶神星，开始探测谷神星的旅程。

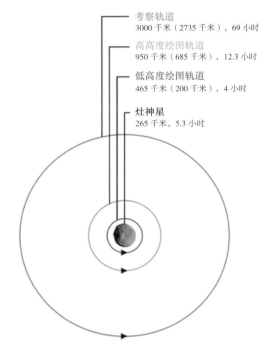

考察轨道
3000 千米（2735 千米），69 小时

高高度绘图轨道
950 千米（685 千米），12.3 小时

低高度绘图轨道
465 千米（200 千米），4 小时

灶神星
265 千米，5.3 小时

▲ "黎明号"围绕灶神星的轨道半径、高度和周期

▶ 拜访最大的小行星

2015 年 3 月 6 日，"黎明号"探测器切入谷神星的轨道，比"新视野号"抵达冥王星还要早几个月，所以"黎明号"成为首个近距离探测矮行星的探测器。

开始时"黎明号"的轨道高度为 13 500 千米，然后高度螺旋式地降低。首先进入 4400 千米的观察轨道，围绕谷神星运行的轨道周期是 3.1 天。第二步下降到高高度绘图轨道（HAMO），高度为 1470 千米，经过两个月的时间，轨道逐渐进入低高度绘图轨道（LAMO），轨道高度为 375 千米。

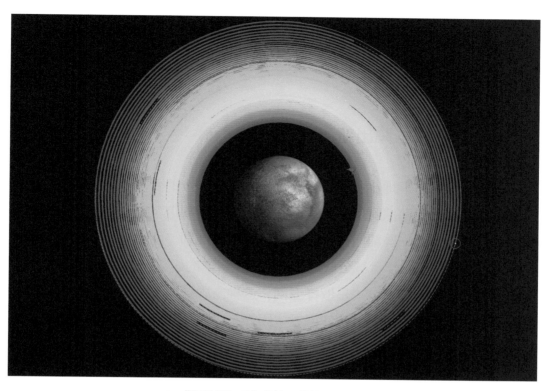

▲ "黎明号"环绕谷神星的轨道及其变化

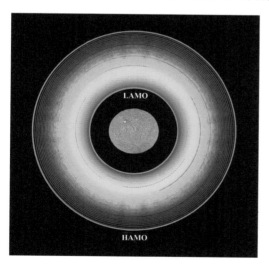

▲ HAMO 螺旋下降到 LAMO 的过程

两个绘图轨道用绿色线表示，轨道的变化从蓝色
（HAMO）到红色（LAMO）。红色虚线部分表示"黎
明号"正在滑行，以便通信

▲ 低高度绘图轨道的自然漂移

"黎明号"轨道在三个月的低绘图轨道期间相
对于太阳自然漂移。开始是蓝色的，结束是红
色的。"黎明号"轨道周期是 5.5 小时，而谷
神星自转周期约是 9.1 小时，因此"黎明号"
能够观察到整个谷神星表面

 # 未来的小行星探测

▶ 取样方式推陈出新

近年来国外对近地小行星（NEAs）的探测格外重视，继日本成功地实现了对小行星取样返回探测后，美国和欧洲空间局也制订了近地小行星取样返回探测计划；我国的一些部门也在酝酿小行星探测计划。面对小行星探测出现的兴旺景象，国外有的学者甚至认为，未来行星科学的研究将进入小行星学时代。

小行星探测的重要方式是取样返回，这种方式要重点解决如何将着陆器固定在小行星表面以及如何取样的问题。因为与大天体的探测相比，近地小行星探测有三个特殊的问题：

（1）NEAs的引力很低，与在大天体上的着陆探测很不相同，一般不存在严重撞击目标天体的问题；相反，往往是要注意着陆后的弹跳出逃问题，因此，很多情况下需要考虑固定方法。

（2）对NEAs表面的地质特征、形态特征等情况了解甚少，这就给着陆器的设计带来很大的不确定性。如有的是岩石的表面，有的有"土壤"层，对于这两种情况，着陆的方式就很不相同。而且往往是在探测器抵近小行星后才能了解这些具体情况，因此，着陆器的设计要适应比较大范围的表面情况。

（3）由于小行星表面平坦的区域很小，着陆器难以着陆和停留，也难以支撑来自取样操作的反作用。

近年来，国外对近地小行星取样返回探测提出了一些新方法，主要有以下几种：

触及表面随即飞离（Touch and go missions）；

着陆固定后取样（Landing missions）；

短暂悬停随即飞离（Hovering and go missions）。

1 ｜ 触及表面随即飞离

在这种接触—飞离（Touch-and-Go，TAG）任务方式中，探测器机动到距离小行星表面几米的高度，伸出取样器与表面接触，并在几秒钟的时间内取完样品，然后推进器加速，使探测器离开表面。这种方式省去了在取样前的着陆和固定以及取样后离开表面前的解锁过程。另外，当探测器惯性下落时，TAG 也提供了取样所需要的正常的接触力。

TAG 方式有多种取样方法，因而适合多种小行星表面情况，如表面有风化层或者表面坚硬的情况。主要的取样方式包括：发射子弹，收集碎片；使表面碎片流体化；刷—轮取样器；双夹片取样器。

（1）收集子弹溅起的碎片。当取样器接触到小行星表面时，取样器发出一枚子弹，子弹撞击到表面后，溅起碎屑，被收集器收集，然后小行星探测器开始爬升，离开小行星。日本的"隼鸟号"探测器就是采用这种取样方式。"隼鸟 2 号"也采用这种方式。

这种取样方式适用于小行星表面是岩石或有风化层的情况。或者说，如果之前不了解小行星表面的情况，可以采用这种取样方式。

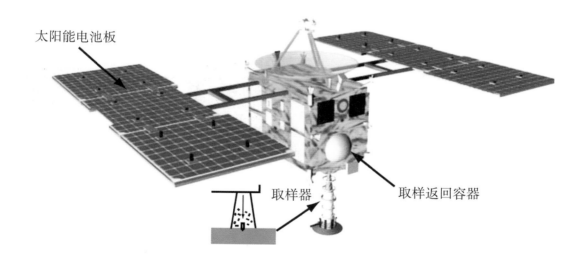

▲ "隼鸟号"探测器的取样方式

（2）使表面碎片流体化。这种取样方式适合于表面有风化层的情况。工作过程是：探测器逐渐下落，当接触即离取样获得机械（TAGSAM）接触到小行星表面时，取样器向小行星的风化层吹高压氮气，在气流的作用下，使小行星表面碎屑流体化，随气流一起被吹进取样器，取样可在大约 5 秒钟内完成。美国发射的小行星取样探测器"欧西里斯号"采用这种方式。

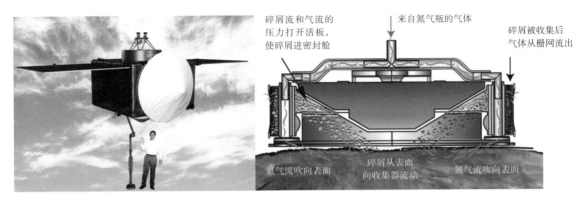

碎屑流和气流的
压力打开活板，
使碎屑进密封舱

来自氮气瓶的气体

碎屑被收集后
气体从栅网流出

氮气流吹向表面

碎屑从表面
向收集器流动

氮气流吹向表面

▲ "欧西里斯号"及其取样器工作示意图

左图显示"欧西里斯号"取样器的大小；右图显示了取样头的结构

（3）刷—轮取样器。刷—轮取样器（Brush-Wheel-Sampler，BWS）是由 NASA 所属的喷气与推进实验室（JPL）发展的。BWS 有 2 个或 3 个逆时针旋转的刷子，当取样器与小行星表面接触时，这些旋转的刷子就可以将小行星表面物质收集到取样盒里。这种方式的特点是取样快，取样的容积大，返回的样品质量在 0.35 千克到 2.1 千克之间。

▲ 刷—轮取样器（左图为两刷，右图为三刷）

（4）双夹片取样器。双夹片取样器（Biblade Sampler）的操作过程如下页图所示。两个夹片由弹簧驱动到达小行星表面，初始是张开的，然后收拢，在大约 0.1 秒的时间内完成操作。收拢的夹片将样品送到容器里。

到达　　　　　　接触　　　　　　取样　　　　　　取样完成　　　　　　收回

▲ 双夹片取样器操作过程

2 ｜着陆固定后取样

这种操作方式的突出特点是着陆固定。由于小行星的引力微弱，为了保证着陆器正常工作，对着陆器要采取固定的措施。一旦固定，许多取样方法都可以使用，包括一些在大行星和月球上采用的方法。这种方式操作的时间一般不受限制，取样系统也可以比较复杂，因此可以完成更复杂的任务。

对着陆器固定的基本要求是能保证接下来的取样工作顺利进行。在有些情况下，还要求根据需要随时解锁，以便使着陆器飞离小行星表面。常用的着陆固定方法有以下 8 种：

推进器（thrusters）：使用推进器，将飞船推向小行星的表面。这种方式的优点是利用现有技术，而且随时都可以取消固定；缺点是消耗燃料，因此固定时间不会太长。

鱼叉（harpoon）：向小行星表面发射鱼叉，将飞船拉向表面。这种方式的优点是可以产生大的固定力；缺点是对小行星表面的特性有限制，适合于有风化层的小行星。

麻花钻（auger）：在表面用两个转动方向相反的麻花钻进行钻探，这样可以抵消钻头转动时产生的反作用力。这种方法的优点是固定力大，可以重复使用；缺点是要求有附加的硬件（钻头），但对于硬岩石表面，需要使用特殊的钻头，消耗能量也比较大。

支撑力固定（bracing anchor）：取样器使用多个支架，每个支架与表

面成一定的角度，这样，沿着小行星表面的方向就形成了一定的支撑力，用这个支撑力固定。

流体固定（fluid anchor）：取样器落到表面后，从支架的底部细管中喷出有一定黏着力的流体，如泡沫、水泥或环氧树脂。这样，在支架底端与表面之间就产生了黏着力。如果想消除这个黏着力，可以对接触点加热，黏着力减少，着陆器就可以离开小行星表面。

钉子固定（hammer nailing）：当着陆器接近小行星表面时，用射钉枪向表面发射钉子，达到固定的目的。

微机架固定（micropine anchor）：单个微机架由镶嵌在刚性架上的尖钩和弹性弯曲结构组成；一个微机架阵可有几十个或几百个微机架，因此可承受更大的力。由于每个微机架有自己的悬挂结构，它可以被拉长或压缩，能找到岩石上粗糙不平之处以便抓住。

磁力固定（magnetic anchor）：用一个磁垫吸引含磁性的小行星表面。这种方法的优点是不需要穿进表面，但不适用于非磁性天体。

取样方法有以下几种：

（1）钻探取样。可根据科学目标的要求，钻到一定的深度，并在不同的深度上分别提取样品。

（2）铲式取样。"凤凰号"火星探测器已经在火星上采用了这种取样方法，小行星探测可借鉴此种方法。

（3）就位水提取系统。这种系统的功能是在小行星及彗星表面就位提取水，

▲ 就位水提取系统

▲ 土壤高级处理系统

操作时一般有三个步骤：挖掘含冰的风化层、从风化层中提取水、抛弃碎屑。

（4）土壤高级处理系统。由 NASA 研制的这种系统能够处理天体表面的土壤（风化层），从中获取有用的元素。

3 ┃ 短暂悬停随即飞离

（1）探测器悬停。在这种方式中，探测器在距离目标小行星表面大约 10 米到 1 千米的高度上悬停，然后射出取样器。取样器通过系绳与探测器连接，完成了在小行星表面取样任务后，再由系绳将取样器拉到探测器，并保存好样品。

（2）快速取样回收系统。NASA 的哥达飞行中心发展了一种快速取样回收系统（Rapid Sample Retrieval System，RASARS），其核心部分是样品获得系统（Sample Acquisition System，SAS）。这种取样系统是从悬停的探测器上向小行星表面发射鱼叉，并穿进一定的深度。鱼叉由外壳和内部取样芯构成，外壳防护取样芯，避免在撞击时受损。在鱼叉穿进小行星表面后，这个取样器就开始收集样品。然后用系绳回收取样芯，将样品送入返回容器。整个取样过程的时间尺度是几秒到几分钟，因此也适合于缓慢移动的科学平台。

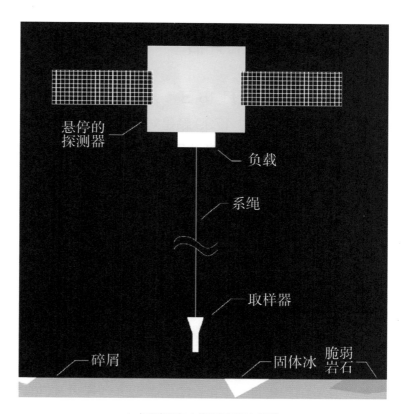

▲ 探测器在小行星表面上悬停

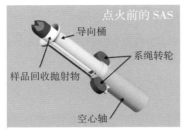

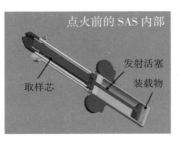

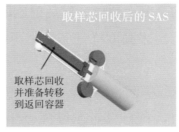

▲ SAS 点火与回收图示

▶ 撞击效果进行评估

截至 2020 年 10 月 18 日，人类已经发现了 24035 颗近地小行星（NEAs），其中有超过 1799 颗是对地球有潜在危险的小行星（PHAs）。由此可见，近地小行星撞击地球的风险是存在的。那么，人类如何避免和减轻这种风险呢？

目前，全世界各种研究机构已经提出了数十种避免和减轻小行星撞击风险的方法，其中一种方法是采用动力撞击，改变小行星轨道。

动力撞击器通常是一艘特制的航天器，通过动量转移的原理偏转小行星轨道。动量取决于撞击器的速度与质量的乘积。因此，为了获得理想的偏转效果，需要增加撞击器的质量和速度。

2005 年 7 月 4 日，美国发射的"深度撞击"探测器成功地撞击了坦普尔1 号彗星。撞击器的质量是 370 千克，撞击速度约 10.2 千米 / 秒；产生的动能为 1.9×10^{10} 焦耳，1.9×10^{10} 焦耳等效于 4.8 吨 TNT 爆炸所释放的能量。这次撞击使坦普尔 1 号彗星轨道速度变化为 0.0001 毫米 / 秒，使其近日距减少了 10 米。从这组数据可以看出，撞击对天体的轨道是有影响的，影响的程度取决于二者的相对大小和相对速度。坦普尔 1 号彗星的质量约为（7.2~7.9）

×10^{13} 千克，与撞击器的 370 千克相比，相差太大了。

动力撞击偏转轨道的方法是人类目前已经掌握的技术，当前的问题是深入掌握撞击对小行星轨道的效应，对撞击器大小、速度、撞击方向以及如何选择撞击位置进行深入研究。

"小行星撞击与偏转评估"任务（AIDA）是 ESA 与 NASA 以及霍普金斯大学合作的在研项目。这个项目由两部分构成，一个叫"双小行星再定向测试"（DART），由 NASA 负责；另一个叫"小行星撞击任务"（AIM），由 ESA 负责。在整个任务中，DART 的任务是撞击目标小行星，而 AIM 的主要任务是负责观测与研究撞击效应。AIM 探测器至少携带 3 颗小的着陆器，一颗是由德国研制的 Mascot-2（Mascot-1 搭载于日本的"隼鸟 2 号"），另两颗是立方体小卫星。Mascot-2 携带了收发分置雷达（bistatic radar），测量小行星的内部结构，另外还能测量小行星表面机械强度、反照率和热发射性质。立方体卫星用于研究小行星表面成分，测量重力场，评估小行星受到 DART 撞击时的尘埃和羽烟，监测振动状态。

撞击目标是双小行星系统中小的一颗，该系统称为迪蒂莫斯（65803 Didymos），大的小行星直径约 800 米，小的（称为 Didymoon）直径约 170 米，这颗小天体是 AIM 重点关注的对象。

AIM 携带的仪器包括可见光成像系统（VIS）、热红外成像仪（TIRI）、高

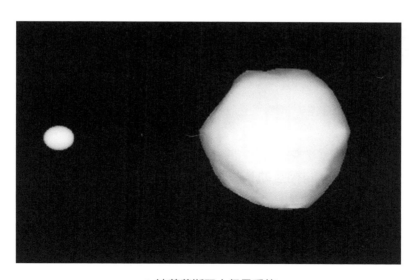

▲ 迪蒂莫斯双小行星系统

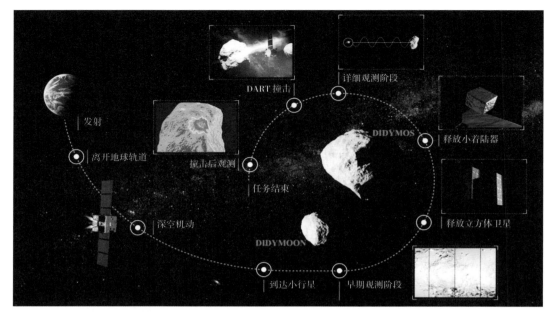

▲ 小行星撞击与偏转评估任务进行顺序

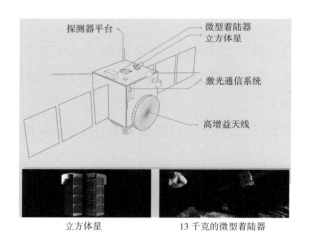

立方体星　　　　　13 千克的微型着陆器

▲ AIM 的结构

频雷达（HFR）和低频雷达（LFR）。

　　DART 使用电推进系统，重量大于 300 千克，有一个 1 米直径的高增天线，携带的仪器是一个高分辨率的可见光成像仪，用于测量撞击前小行星表面的形态和地质特征，将撞击点确定在目标直径的 1% 以内。DART 有精确的自动导航系统。

　　以 6.67~7.38 千米 / 秒的速度撞击将使小行星产生 0.4 毫米 / 秒的速度变化，这将使这两颗天体的相互轨道发生相当大的变化，但系统的日心轨道变化很小。这是因为目标受到撞击产生的速度变化可以与其约 17 厘米 / 秒的轨道速度比较，而这个速度比 23 千米 / 秒的日心速度小很多。因此，迪蒂莫斯的双轨道变化比日心轨道变化更容易测量。

　　DART 将使用地基设备，通过测量双星的轨道周期变化来测量轨道偏转。

▲ 双小行星再定向测试

撞击会使迪蒂莫斯 11.92 小时的轨道周期至少变化几分钟，在几个月的观测期间，这个变化可以确定在 10% 的精度内。迪蒂莫斯被选为 DART 的目标是因为它是食双星（相互绕转彼此掩食），通过地面光曲线测量可以准确地确定小的周期变化。另外，迪蒂莫斯在 2022 年 10 月靠近地球，特别适合拦截、交会和地基观测。

▶ 寻找行星形成的"化石"

2017 年 1 月，NASA 公布了两项探索早期太阳系的计划，其中有一项称为"露西"（Lucy）计划，目标是探索 6 颗小行星，1 颗属于主带小行星，另外 5 颗属于木星—太阳系统的脱罗央群小行星。

为什么将探测小行星的计划称为"露西"呢？这个名称究竟有哪些深层次的意义？

露西（Lucy）是古猿标本 AL 288-1 的通称。此标本由唐纳德·约翰森等人于 1974 年在埃塞俄比亚阿法尔谷底阿瓦什山谷的哈达尔被发现。古人类学研究中一般仅能发现化石碎片，很少发现完整的颅骨或肋骨，因此 AL

288-1 的发现尤其重要，为古人类学研究提供了大量科学证据。露西生活于约 320 万年以前，被归类为人族。

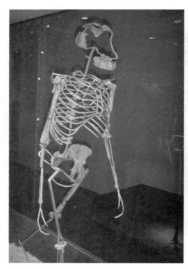

▲ "露西"标本和还原的图像

因为脱罗央小行星是原始物质的剩余，保存着太阳系历史的极其重要的线索，研究脱罗央小行星有助于了解"行星形成的化石"，即在早期太阳系，这类"化石"物质聚合在一起，形成了行星和其他天体，因此将这项探测计划命名为"露西"。

▲ "露西"化石与"露西号"探测器

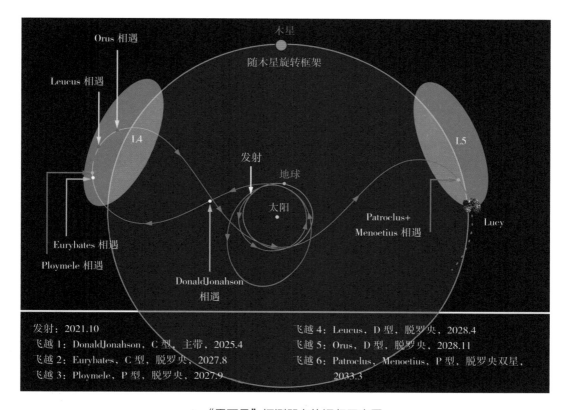

▲ "露西号"探测器在轨运行示意图

发射：2021.10
飞越 1：DonaldJonahson，C 型，主带，2025.4
飞越 2：Eurybates，C 型，脱罗央，2027.8
飞越 3：Ploymele，P 型，脱罗央，2027.9
飞越 4：Leucus，D 型，脱罗央，2028.4
飞越 5：Orus，D 型，脱罗央，2028.11
飞越 6：Patroclus，Menoetius，P 型，脱罗央双星，2033.3

▶ 探测最大金属小行星

灵神星（16 Psyche）的直径为 253 千米，密度为 6.98 克 / 厘米^3，是小行星主带中较大的小行星之一，质量估计占所有小行星带天体的 0.6%。雷达观测表明，灵神星的成分是相当纯的铁和镍，表面是 90% 的金属（主要是铁），只有少量的辉石。如果灵神星是一个更大星体的核心残余，那么在相同的轨道上预期会有其他的小行星。不过灵神星并不属于任何小行星家族。其中一个假设是这次碰撞发生在太阳系史上非常早期的时代，所以其他的

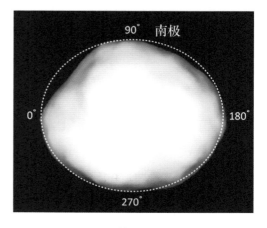

▲ 灵神星的形状

残余被后来的碰撞磨成碎片或是轨道被改变。

灵神星的近日点 2.513AU，远日点 3.328AU，偏心率 0.140，轨道倾角 3.095°，轨道周期 4.99 年，自转周期 4.196 小时。

2015 年的雷达观测结果表明，灵神星是一个不规则的椭球体。

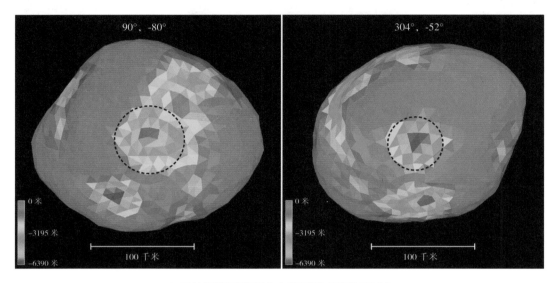

▲ 灵神星表面的两个大的凹陷（蓝色区域）

▲ 灵神星的艺术图

▲ 灵神星局部结构

以前的观测认为灵神星上没有水，但是美国亚利桑那大学月球与行星实验室的研究人员根据空间红外望远镜的观测结果，认为灵神星表面含有水或羟基物。

1 | 研究灵神星的目的和关注的问题

探索灵神星有三个重要的目的：

（1）了解以前从未探索的行星形成的基本单元：铁核。

到目前为止,人类探索的各类天体有冰表面、岩石表面或二者的混合,它们的核被认为是金属的,包括地球。但是,这些核位于岩石幔与壳下面的深层,在人们的有生之年是无法到达的。而灵神星似乎是原始行星暴露的镍—铁核,是行星系统的基本单元,探测灵神星,则提供了进入这些核的窗口。

(2)直接检验一个变异的天体的内部,透视类地行星内部,包括地球的内部。

(3)探索新的,不是由岩石、冰或气体构成的世界,而是由金属构成的世界。

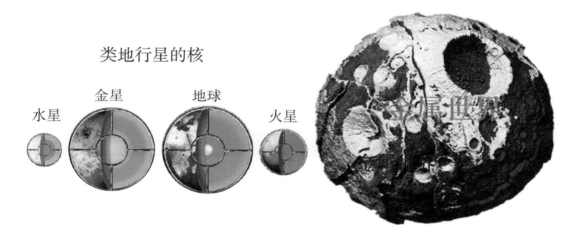

▲ 进入金属世界

探索灵神星关注的主要问题是:

(1)灵神星是已分化天体被剥离后留下的金属核心,还是直接形成的富铁星体?

(2)如果灵神星是外壳被剥离的金属内核,这种现象如何发生及何时发生?

(3)如果灵神星曾经熔化,它的凝固是从内向外还是从外向内?

(4)灵神星冷却时是否产生磁发电机?

(5)金属核心所包含的主要合金是什么?

(6)灵神星的地质和全球地势有怎样的主要特征?灵神星看上去是否与冰质和石质星体完全不同?

▲ "灵神星"探测器

（7）金属天体表面的撞击坑与冰质和石质星体表面有什么不同？

2 | 探测灵神星的科学目标

（1）确定灵神星是一个核还是未熔化的原始物质。

（2）确定表面物质的相对年龄。

（3）确定小金属天体是否包含了地球高压核中相同的轻元素。

（4）确定灵神星是否是在比地核更氧化或更弱的条件下形成的。

（5）确定灵神星的形态。

为实现这些科学目标，需要测量灵神星的磁场、金属成分、重力和表面形态。

3 | 有效载荷与轨道设计

"灵神星"探测器使用电推进系统，携带的主要仪器有磁强计、多光谱成像仪、伽马射线和中子谱仪、无线电科学实验设备。